iOS SDK4
初心者的學習殿堂

iPhone / iPad 應用程式開發基礎

彭煥閎、黃弘毅 著

跟著實務專家的腳步，
踏入 iOS SDK4 / Xcode 4 的應用開發

PG30060
iOS SDK4初心者的學習殿堂

博碩文化

作　　　者／彭煥閔、黃弘毅
選 書 企 劃／陳吉清、古成泉
執 行 編 輯／陳吉清、黃郁蘭
版 面 設 計／陳銘國
特 約 美 編／陳銘國
封 面 設 計／徐瑋良、蕭羊希

主　　　編／陳吉清
顧　　　問／陳祥輝
發 行 人／簡女娜
出　　　版／博碩文化股份有限公司
網　　　址／http://www.drmaster.com.tw/
地　　　址／新北市汐止區新台五路一段112號10樓A棟
　　　　　　TEL / 02-2696-2869・FAX / 02-2696-2867

郵撥帳號／17484299
律師顧問／劉陽明
出版日期／西元2011年6月初版

ISBN-13：978-986-201-483-7
博碩書號：PG30060
建議售價：NT$ 420元

本書如有破損或裝訂錯誤，請寄回本公司更換

國家圖書館出版品預行編目資料

iOS SDK4初心者的學習殿堂 / 彭煥閔 , 黃弘毅 著.
-- 初版 -- 新北市；博碩文化, 2011.06
　面；　公分
ISBN 978-986-201-483-7（平裝）
1. 行動電話 2. 行動資訊 3. 軟體研發
448.845029　　　　　　　　　　100010084

Printed in Taiwan

關
於
範
例
檔
案

下載範例檔案

本書所有的程式範例檔案，都放在博碩文化的網站上，讀者可以透過下載來取得完整的專案範例，以進行練習。

讀者可以直接輸入以下的網址：

http://www.drmaster.com.tw/Bookinfo.asp?BookID=PG30060

這個網址會連結到本書的新書介紹頁面，點選下圖所示的「檔案下載」區塊，就可以將範例檔案下載。

點選這裡

或者是在博碩文化的首頁中，選擇上方連結列的「下載專區＞範例下載」，再選擇本書書號 PG30060 右側的「Download」按鈕即可。

關於範例檔案

如何使用本書的範例：

在閱讀本書前，請確認你的電腦為Mac OS X 10.6以上版本，才能安裝iOS SDK 4並進行練習。本書的程式範例可以使用Xcode直接開啟，請依照以下步驟來將範例檔打開：

[01] 執行Xcode，在開始畫面中選取「Open Others⋯」

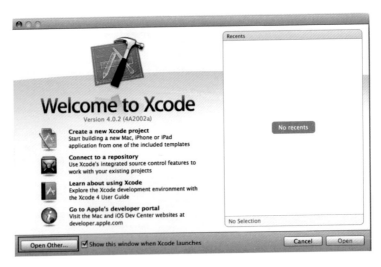

[02] 選取範例檔所在的位置，範例檔已按章節排好而且副檔名皆為xcodeproj，選取完後請點選下方的「Open」來開啟專案：

範例檔已經依照章節設定資料夾

關於範例檔案

03 當檔案開啓後即可進行相關的操作和練習了：

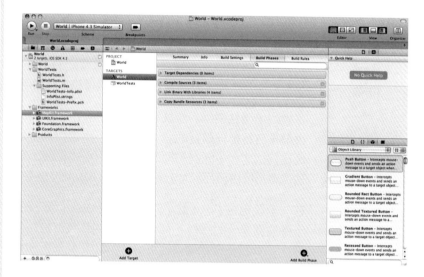

作者序

這幾年來 iPhone 的興起及 App Store 的出現引發了這一陣子學習 iPhone 開發的熱潮，而 Objective-C 這個在 Windows 領域上幾乎沒人聽過的語言也在突然間變成了當紅炸子雞，當我們這些本來在 Windows 下寫 C/C++ 程式的人有點被半強迫地要去學習一個新語言時，心中多少是有些竊喜，能夠學習當紅的主題，又有錢可以領，相對大部分的程式設計人員來說，已經算是相當幸福的一件事了。

本書的出發點是為了能讓初學者能了解 iPhone 的程式開發，進而提供爾後自行延伸學習的能力，在眾多可選擇的主題中，依據當初我們在程式開發中遇到的問題和多年的程式經驗，選定了 16 個主題，並依難易度由淺而深地介紹我們認為 iOS 開發最重要的基本功。

每一章設定在 1 ～ 2 個小時內可以完成，以學校的課程來說相當於一學期兩學分的課程，而本書最大的特色就是每個主題都非常地詳細，不會只是含含糊糊地帶過，程式相關的細節和觀念介紹也參考了許多蘋果官方網站的文件和教學課程，並加以濃縮取其精華中的精華，因此細節方面可以說是本書最大的特點。

本書除了一些基本概念的介紹之外，還會穿插著一些在實務上可以運用的小技巧和觀念，會這麼做的目的是為了讓初學者們能在基礎觀念上多下一些工夫，因為一開始的路走對，之後的路將會輕鬆很多，也期望讀者們能在讀完本書之後，除了學會 iPhone 程式的開發之外，對於程式開發的本身有多一些的了解。

這本書得以出版，首先必須要感謝程式俱樂部的 Jammy 站長和博碩文化的各位編輯們的幫忙，當然也得感謝我親愛的老婆芸湘，因為為了能讓一般的初學者能更容易地上手，我半脅迫式地要求她這個讀護理的人幫我完成許多章節初步校稿的工作，也因為有了她的幫忙，讓許多我一開始沒注意到的細節才得以慢慢地補強，總之這本書能夠完成真的是靠著很多很多人的幫忙才得以出版，也希望這本書能為各位在學習 iPhone 的過程中提供一些不一樣的幫助。

最後，還要感謝 Apple 開發者網站的許多參考資料，讓本書的內容得以更完整地呈現在讀者面前。

彭煥閎

2011 年 6 月 3 日 於 美國坦帕市

作者序

iOS 的出現，帶來了一連串的破壞性創新，其中包括智慧型手機的高速發展、平板電腦的熱潮、以及應用軟體販賣通路的改變等。其中對開發人員影響最大的，莫過於蘋果提供了一個任誰都可以販賣軟體的管道－AppStore。這個管道的出現，讓有想法的開發人員有了小蝦米對大鯨魚的機會，只要是點子夠新、功能切中使用者需求，任誰都可能在 AppStore 上大撈一筆。你可以只是一個小團體、甚至是一個人，也可以是一個學生、一個非電腦相關產業的人。只要有辦法將心中的點子轉化成 App 放上 AppStore，就有機會獲得全世界 iOS 用戶的青睞，進而賺取豐厚利潤。

這種機會是前所未見的，而且影響範圍正逐漸擴大，從蘋果的行動作業系統 iOS 擴展到蘋果的桌上型電腦作業系統 Snow Leopard 以及 Lion，從蘋果系統擴展到非蘋果系統 (如 Android)，從 Mac 擴展到 PC (例如 Windows 8)。以後我們購買軟體的方式，都將經過各系統的 App Store。這種生態的改變，伴隨而來的就是各種應用的解放，以前想都沒想過的應用軟體，都可能在各平台的 App Store 找到。產出應用軟體的不再局限於所謂的軟體大廠，每個人都可能產出自己的軟體。

在這樣的時空背景之下，我們寫了這本書。目的就是希望能夠為想要在 iOS 平台上開發出自己產品、呈現自己想法的人開啟一扇窗。雖然書中所講述的大多是基礎的知識，不過活用這些基礎知識，絕對可以為自己開發出第一套 iOS 應用程式。往後如果有興趣，加上有了 iOS 的開發基礎，要在其他平台上開發自己的 App 也就不會感到生疏與害怕，可以算是為自己的 App 開發之路打基礎。

最後，要特別感謝博碩文化陳吉清先生和古成泉先生不離不棄的支持，以及煥閎 (Eric) 的邀約，您的一路相挺終於讓這本書得以出版，希望大家的努力，能幫助到有心學習 iOS 的同好。

黃弘毅
2011 年 6 月 3 日 於 台北

目錄

Chapter 1 iOS 簡介

Chapter 2 初步探索 Xcode

目錄

目錄

Chapter 5 Objective C 基本觀念介紹

Chapter 6 實作範例－聯絡人程式 Part-1 (viewcontroller, navigation controller,table view)

目錄

目錄

Chapter 10 程式基礎 － C & Objective-C

Chapter 11 程式基礎 － 物件、類別及介面

目錄

Chapter 12 程式基礎 — 類別的實作及協定、特性的介紹 _____

目錄

Chapter 13 程式基礎 ─ 述句 & Blocks Programming

目錄

目錄

目錄

Chapter 16 未知的旅程 － 多執行緒、動畫

目錄

Chapter 1
iOS 簡介

本章學習目標：

1. iPhone 主要功能介紹。
2. 下載安裝開發工具 Xcode 以及 iOS SDK。
3. iOS 基本介紹。
4. 瞭解 iOS 技術層 (Technology Layers)。
5. 瞭解開發 iOS 開發應用程式的小技巧。

Learn more ▶

Written by 黃弘毅

1.1 iPhone 功能介紹

「在蘋果公司的 DNA 裡面，光有科技是不足夠的。只有科技與人文相互結合，才能創造出真正符合人性的產品。特別是在後 PC 時代，這樣的觀念與想法對我們在開發產品時特別重要。」有好幾次，在蘋果公司的產品發表會最後，執行長賈柏斯的最後一張投影片，都是一張科技與人文的交叉路口照片。而他也一再苦口婆心地呼籲，對於一個消費性電子產品，除了著重科技之外，還必須要加上一點「人性」，才能真正貼近使用者。也就是這樣的堅持和理念，讓蘋果公司一直都扮演著產業界的創新者，除了創造出地球上第一台個人電腦、率先推出視窗介面作業系統之外，更創造出 iPhone、iPad 等等產品，再次在產業界投下震撼彈，也正逐漸改變目前電腦產業的生態，同時也改變了我們的生活。

不可否認的，在 iPhone 問世之前，其實已經有一些號稱「智慧型」的手機存在於市場上了，但是卻一直得不到使用者的青睞。除了價格偏高之外，最主要的因素其實是少了一點「人文」；也就是說，使用者用起來感覺不順暢，也沒那麼方便，整個產品就是少了那麼一點讓人感到「貼心」的設計。然而，當科技與人文完美結合的 iPhone 出現之後，人們開始熱烈討論並關注「智慧型手機」，而 iPhone 的銷售量也屢破新高；之後競爭對手 Google 的加入，更讓這場「智慧型手機」的戰爭白熱化，同時也正式拉起「後 PC 時代」的序幕。以目前的銷售量來看，也許蘋果電腦的 iPhone 並不是最高，但是它卻帶領我們進入了「智慧型手機」的世界，這同時也再一次證明了蘋果電腦是近代電腦產業界的創新者這件事，因為蘋果總是能為使用者「發明」真正好用的產品。

本書的內容在於介紹如何開發 iPhone 應用程式，然而在進入真正程式寫作之前，讓我們先來看看 iPhone 這個現代最具「破壞性創新」的產品具備哪些功能與特性。順道一提，截至目前為止，市面上最新款的 iPhone 是 iPhone 4；而以下所介紹的功能是以 iPhone 4 為主，舊款的 iPhone 型號如 3GS、3G、2G 等等並不完全具備以下所介紹的功能。

1.1.1 具備3G與Wi-Fi網路連線能力

iPhone同時具備3G與Wifi連線能力，當兩者皆開啟時，iPhone會優先選擇用Wifi來連接網路，當Wifi連線失敗或無法連上網路時，iPhone會自動嘗試用3G上網。這種「雙重」的連線能力，讓iPhone幾乎隨時隨地都處於連線的狀態。這個看似基本，而且在iPhone出現以前就已經存在於某些號稱「智慧」的手機上面的功能，隨著iPhone的熱銷，卻對整個網路界帶來翻天覆地的影響。一些著名的網站如Facebook、eBay、PayPal等等都紛紛在蘋果的軟體商店推出應用程式，將網站上的內容包裝在應用程式裡，其中的原因就是為了因應使用者在「移動」的狀態下也能夠很快、很有效率地找到網站上的資訊。許多新創的網路公司更直接先推出iPhone或Google Android上的應用程式，打破了原有的應先有網站的思維。

此外，隨著無所不在的連線能力，使用者現在更可以在掌心上欣賞網路影片、電視，與家人和朋友進行視訊對話，甚至買賣股票等，幾乎原本必須在電腦前完成的事情，現在都可以在自己的手掌上完成，這樣的革命性發展不可謂不大。

1.1.2 FaceTime視訊功能

FaceTime 是 iPhone 4 的視訊通話功能，使用者可以透過 iPhone 4 的前後鏡頭，與家人和朋友進行視訊通話。視訊通話時能夠切換前後鏡頭也是業界首創的，使用者可以選擇用前方的鏡頭和對方做面對面的溝通，或者切換到後方的鏡頭讓對方看到自己所看見的景物。目前FaceTime只允許在Wifi環境下使用；然而，許多著名通訊軟體例如Skype以及Yahoo即時通，也在蘋果的App Store裡面推出應用程式，允許使用者利用Wifi或3G來進行視訊對話，彌補了FaceTime的限制。

■ 圖1-1： FaceTime 是 iPhone 4 上的視訊通話功能，使用者可以透過 iPhone 4 上面的前後鏡頭，與家人和朋友做視訊通話

1.1.3 視網膜呈現技術（Retina Display）

iPhone 4 最新引進的視網膜呈現技術又是蘋果領先業界的另一項新「發明」，也是目前為止在手機螢幕上所見過最高的解析度。由於這項技術的像素(pixel)密度極高，人類的眼睛已經無法辨識出單獨的像素，因此讓整個 iPhone 畫面上所呈現出來的照片與文字極為清晰，讓使用者在使用 iPhone 的同時，眼睛也體驗到前所未有的舒適感。

iPhone 3G Ⓢ   iPhone 4

■ 圖 1-2：iPhone 4 最新引進的視網膜呈現技術讓整個 iPhone 畫面上所呈現出來的照片與文字極為清晰

1.1.4 多工（Multitasking）

在 iOS 4.0 之後，蘋果引進了多工的功能，這個新功能主要帶來的好處是提升了應用程式的切換速度，讓使用者在切換不同應用程式時不會感到延遲。值得一提的是，在 iPhone 上，一次只能執行一個應用程式，當另一個程式被開啟時，原先的應用程式便會跑到背景去；然而，和一般 PC 和其他手機作業系統不同的是，存在於背景的 iPhone 應用程式無法一直持續執行，除了某些特殊的應用，例如音樂播放、語音通訊以及位置追蹤之外，iOS 最多只給一般切換到背景的應用程式約十分鐘的時間來完成它未完成的工作。

這樣的設計讓 iOS 作業系統整體使用起來十分穩定，不致於因為某個背景程式的錯誤造成整個系統當機。不過，雖然存在於背景的應用程式沒有辦法持續運作，但是它(們) 卻不會被完全關掉，而是進入一個「暫停」(suspended) 模式；當它再次被換到前景時，能夠很快地從前次作業畫面再繼續下去。

■ 圖 1-3：多工提升了應用程式的切換速度，讓使用者在切換不同應用程式時不會感到延遲

1.1.5 錄製、編輯高畫質影片

iPhone 4 可以錄製高達 720p 的高畫質影片，加上背面照明感應器 (Backside illumination sensor) 和內建的 LED 燈 (built-in LED light)，即使在光線不足的環境下也能拍出美麗的畫面。加上蘋果自製的 iMove 應用程式，使用者可以直接在手機上編輯拍攝好的影片，讓原本必須坐在電腦前面才能完成的影片編輯，也可以在掌心上面輕鬆完成。

1.1.6 五百萬畫素相機加上 LED 閃光燈

iPhone 4 內建五百萬畫素相機、前後兩
個鏡頭，因此不論是拍景物或自拍，都
非常方便。

另外，有別於前幾代 iPhone，最新的
iPhone 4 在背面鏡頭旁加上 LED 閃光
燈，即使在昏暗環境下，也能拍出好照
片。而領先業界的 HDR (High Dynamic
Range) 照相技術，更能讓使用者不論在
光線太亮或太暗的情況下都能拍出清晰
的照片；這項技術目前可以說是 iPhone
獨家擁有，對喜歡用手機紀錄生活的玩
家，可以說是一大福音。前幾代就已經
存在的「點一下畫面進行對焦」的功能，
當然也沒有在新一代的 iPhone 上缺席。

■ 圖 1-4：iPhone 4 內建五百萬畫數相機，前後鏡
頭，以及閃光燈

1.1.7 地圖與羅盤

iPhone 混合利用 GPS、WiFi 以及無線基
地台來做定位，可以很快速地找到使用
者目前所處的位置。因此，當打開地圖
應用程式的時候，iPhone 很快就會在目
前的位置上釘上大頭針；如果再開啟地
圖上的羅盤功能的話，更可以顯示出往
哪個方向移動，讓使用者就算置身於不
熟悉的環境中，也能夠很快地找到位置
與方向，不至於迷路。

■ 圖 1-5：地圖與羅盤功能，讓使用者就算置身於
不熟悉的環境中，也能夠很快地找到位置與方
向，不至於迷路 (畫面截取自蘋果電腦網站)

1.1.8 智慧鍵盤

iPhone 內建的智慧鍵盤會追蹤使用者輸入的文字，進而建議下一個字、矯正拼音甚至加上標點符號。對英文使用者而言，只要專心在打字就好，iPhone 會自動幫忙校正一切；對中文使用者而言，iPhone 更提供了拼音、倉頡、注音、筆畫以及手寫辨識等等多種的選擇，讓使用者可以根據自己最習慣的方式做輸入。另外像一般常用的複製/貼上等功能也一應俱全。

■ 圖 1-6：智慧鍵盤的複製/貼上，讓使用者節省重複輸入的時間

1.1.9 聲控（Voice Control）

iPhone 的預設聲控功能允許使用者用來打電話和撥音樂。只要對 iPhone 說「打給王小明」或是像「打電話到 555-1234」，iPhone 就會撥打給對方；此外，如果跟 iPhone 說「播放張惠妹的歌」或是像「播放下一首歌」，iPhone 就會播放存在裡面的張惠妹專輯，而且當聽到「播放下一首歌」的指令時，就會跳到下一首。另外像暫停播放，隨機播放等等控制指令，也都可以透過聲控來達成。

1.1.10 AirPrint

搭配支援蘋果 AirPrint 的印表機，使用者可以將 iPhone 裡面的 email、照片、網頁以及文件等等列印出來，不需要額外的軟體或驅動程式，也不需要接線。當使用者選擇列印的同時，iPhone 就會自動搜尋同一個無線網路底下支援 AirPrint 的印表機，然

■ 圖 1-7：iPhone 的預設聲控功能允許使用者用來打電話和撥音樂

後進行列印,省去一般列印所需的
繁複安裝程序。

1.1.11 AirPlay

AirPlay 指的是可以將 iPhone 裡面
的照片、音樂和影片利用無線傳輸
的方式送到 Apple TV,或其他有支
援 AirPlay 的接收器(例如喇叭)做播
放。讓收藏在 iPhone 上的多媒體檔
案也可以透過較大的螢幕或較好的
音響和家人或朋友分享。

■ 圖 1-8:iBook 提供成千上萬的書籍供選購

1.1.12 iBook

iBook 是蘋果提供(可於 App Store 上
下載)的免費電子書籍閱讀程式,除
了可以閱讀一般的 pdf 檔案以外,還
能閱讀從 iBook 書店上購買的書籍。
iBook 內的書店更提供成千上萬的書
籍供選購,使用者在彈指之間就能
把喜歡的書籍裝進 iPhone 裡。

1.1.13 iTunes Store

預載在 iPhone 的 iTunes Store 是目前
世界上最大型的線上數位影音商店,
裡面提供的內容涵蓋 Podcast、音樂、
電視節目和電影,甚至還可以線上
租片。使用者也可以在線上發現最

■ 圖 1-9:iTunes Store 是目前世界上最大型的線上數位影
音商店

新發行專輯以及熱門排行榜等等；看到喜歡的節目或曲目，還可以直接在線上預覽，覺得喜歡再購買。

1.1.14 App Store

預載在 iPhone 內的 App Store 擁有超過 35 萬個應用程式，是目前世界上擁有最多應用程式的線上商店，琳琅滿目的應用程式涵蓋的範圍極為廣泛，包括遊戲、音樂、導航、相片、娛樂等等應有盡有，只要註冊 ID，就能隨時下載最新的應用程式到手機上，替 iPhone 的功能更進一步的擴充。

■ 圖 1-10： App Store 是目前世界上擁有最多應用程式的線上軟體市集

1.1.15 更多功能

iPhone 的功能不勝枚舉，而且每一代都不斷地在翻新，關於 iPhone (以及其他 iOS 裝置) 的更多功能，可以到蘋果電腦網站：http://www.apple.com/tw/ 參考。

1.2 下載安裝開發工具 Xcode 以及 iOS SDK

Xcode 是用來開發 Mac、iPhone/iPod Touch 以及 iPad 應用程式的開發工具，iOS SDK 則是提供我們在開發 iOS 應用程式時所需的基本程式框架 (Framework)，兩者其實緊緊結合在一起。Xcode 除了提供基本的程式編輯、執行以及除錯的環境之外，更可以透過 iOS SDK 提供的模擬器，將我們寫好的程式在上面執行，因此，就算開發人員手邊沒有真正的 iPhone、iPad 或 iPod Touch，也可以經由模擬器來模擬所寫的程式跑在實機上面的狀況。如果要將所寫的程式安裝到實機上測試，則必須加入蘋果的 iOS 開發人員方案 (iOS Developer Program)，費用為每年 99 塊美金。本書並不會深入探討如何加入蘋果的開發人員方案，而且書中的範例都可以在模擬器上執行，並不一定非要加入開發人員方案不可。

至於開發工具 Xcode，蘋果目前的做法是提供兩套不同的版本，分別是 Xcode 3.2.6 (免費版)，以及 Xcode 4 (付費版，4.99 美元，於 Mac 上的 App Store 下載)。由於 Xcode 以及 iOS SDK 更新快速，加上很有可能 Xcode 3.2.6 會在不久的將來被淘汰掉，因此本書的範例都是用 Xcode 4 來製作。以下先條列出取得 Xcode 3.2.6 以及 Xcode 4 所需要的步驟：

1. 註冊 Apple ID。

2. 連到蘋果的開發人員網站 (developer.apple.com)，並轉換 Apple ID 成為開發人員帳號。這個步驟是免費的，若用開發人員帳號 (其實就是轉換後的 Apple ID) 申請加入開發人員方案 (iOS Developer Program)，才必須支付一年 99 塊美元的費用。

3. 從開發人員網站 (developer.apple.com) 直接下載 Xcode 3.2.6。

4. 如果是要取得 Xcode 4，必須先將 Mac OS 升級到 Mac OS X 10.6.6，這時 Mac 的 Dock 就會出現一個新的 Mac App Store 圖示，開啟 Mac 上的 App Store 然後搜尋 Xcode 並下載。

1.2.1 註冊 Apple ID

註冊 Apple ID 的途徑其實有很多，但是對剛開始接觸 Mac 系統的使用者來說，從 Mac 的 iTunes 來註冊應該是最直覺也最不會迷路的方式；所以我們就用 iTunes 來註冊一個 Apple ID。首先，打開在 Mac Dock 上的 iTunes 圖示，然後按一下右上角的「登入」，接著選「建立新帳號」，應該會看到如圖 1-11 這樣的畫面：

■ 圖 1-11

跟著畫面的指示依序填妥資料之後，就可以獲得 Apple ID。附帶一提，申請過程中會遇到填寫信用卡資訊的表格，這資訊必須提供方能成功地註冊 Apple ID。最後蘋果會寄一封確認信函到您的信箱，必須點選確認信函裡面的連結確認註冊的信箱才能成功啟動 Apple ID。成功註冊之後，iTunes 會顯示如下圖所示的訊息：

■ 圖 1-12

1.2.2 轉換 Apple ID 成為開發人員帳號

成功註冊完 Apple ID 之後，接下來讓我們進到蘋果的開發人員網頁，網址是 http://developer.apple.com，該網站提供許多免費的學習資源與文件，如果您有興趣，可以到處瀏覽看看，不過我們目前最主要的任務，是把剛註冊好的 Apple ID 轉換成開發人員帳號。

連上開發者網站之後，選擇 iOS Dev Center，接著按 Log in 按鈕，用剛剛註冊好的 Apple ID 登入，登入之後就會看到開發人員申請表格，如下圖所示：

■ 圖 1-13

再次提醒這個申請步驟是免費的，只是把一般的 Apple ID 註冊成開發者帳號而已，並不等同於加入蘋果的 iOS 開發人員方案 (iOS Developer Program)。將 Apple ID 註冊轉換成開發者帳號只是允許我們登入開發者網站並取得免費工具 (例如 Xcode 3.2.6) 與資訊而已。

跟著如圖 1-13 的註冊表格一路寫完，就可以用原先的 Apple ID 登入開發者網站了。附帶一提，這個申請步驟的最後一步，跟我們之前申請 Appel ID 時很類似，就是同樣

會寄信到我們的信箱做最後確認，因此，在最後一個表格上，填上蘋果寄到我們信箱的認證碼，才能完成整個註冊程序。如圖1-14 所示。

■ 圖 1-14

成功完成註冊之後，會看到如下的畫面：

■ 圖 1-15

1.2.3 下載安裝 Xcode 3.2.6

將 Apple ID 註冊成開發者帳號之後，接下來回到開發者網站，登入後在網站上找到下載 (Downloads) 區域，如圖 1-16 所示。點選「Xcode 3.2.6 and iOS SDK 4.3」連結即會開始下載 Xocde 以及 iOS SDK。所下載的格式的是一個 .dmg 磁碟映像檔，點選該映像檔之後會看到一個安裝檔，接著再點選安裝檔即會開始安裝 Xcode 以及 iOS SDK。

Downloads

Xcode 3 and iOS SDK 4.3
This is the complete Xcode developer toolset for Mac, iPhone, and iPad. It includes the Xcode IDE, iOS Simulator, and all required tools and frameworks for building Mac OS X and iOS apps.

Looking for Xcode 4? Learn more ▸

Posted: March 24, 2011
Snow Leopard Build: 10M2518

Snow Leopard Downloads
 Xcode 3.2.6 and iOS SDK 4.3
 Xcode 3.2.6 Readme

Other Downloads
 iOS SDK Agreement
 iPhone Configuration Utility

■ 圖 1-16

1.2.4 下載安裝 Xcode 4

要下載 Xcode 4，除了加入 iOS 開發人員方案 (iOS Developer Program，每年須支付 99 塊美元) 之外，另一個比較經濟實惠的方式，就是從 Mac 的 App Store 下載。跟 iPhone 的 App Store 一樣，Mac 的 App Store 是繼 iPhone 之後，蘋果進一步在 Mac 作業平台上推出的應用軟體市集，從中我們也可以下載許許多多免費或付費的軟體。不過 Mac 上的 App Store 是從 Mac OS X 10.6.6 才出現，因此如果您的 Mac 電腦是比較舊的作業系統，必須先升級到 10.6.6 才行，做法是點選 Mac 最左上角的蘋果圖示，然後再選「軟體更新」即可。

在 Mac OS X 10.6.6 的作業系統上，App Store 的圖示就出現在 Dock 上，如圖 1-17 所示。

■ 圖 1-17

打開 Mac 上的 App Store，然後搜尋 Xcode，就可以找到最新的 Xcode 4，如圖 1-18 所示。支付 4.99 美金即可將它下載下來。下載下來的檔案一樣是 .dmg 映像檔，安裝方式跟在 1.2.3 提到的安裝 Xcode 3.2.6 完全相同，只要點選安裝檔就會自動開始安裝。

■ 圖 1-18

1.3 iOS 概述

iOS 指的是我們用來在 iPad、iPhone 或者 iPod touch 上執行應用程式的作業系統。雖然 iOS 和 Mac OS X (蘋果電腦作業系統) 在底層有一些共通的地方，不過 iOS 是特別針對手持裝置 (Mobile Enviroment) 而量身打造的，與針對桌上型電腦而設計的 Mac OS X 仍存在著一些差異；其中最明顯的包括多點觸控介面 (Multi-Touch Interface) 以及加速器的支援 (Accelerometer Support)。

iOS SDK 提供我們在開發 iOS 應用程式時所需的基本程式框架、訊息以及工具，並且也提供了測試、執行、除錯以及程式最佳化等等的輔助功能，可以說一應俱全。開發 iOS 應用程式的主要工具：Xcode 是 SDK 裡面的主角；它提供了基本的編輯、執行以及除錯的環境，同時也允許我們將編輯好的程式直接在手機上面執行。除此之外，它也提供 iPhone、iPad 模擬器，就算開發人員手邊沒有真正的 iPhone、iPad 或 iPod touch，也可以經由模擬器來確認所寫的程式跑在實機上面的狀況。

iOS SDK (其中包括 Xcode 以及其他除錯和程式最佳化的輔助工具)，可以到 http://developer.apple.com/ 下載，用 Apple ID 登入之後便可以找到下載連結，不需要支付任何費用。

1.4 iOS技術層（iOS Technology Layers）

iOS 的核心其實跟 Mac OS X 的 Mach 核心 (Kernal) 非常類似，且在這個核心之上，架構了四層技術層 (Technology Layers)，分別是 Core OS、Core Services、Media 以及 Cocoa Touch，如圖1-19所示：

■圖1-19：iOS 技術層

這些不同的技術層提供不一樣的功能和選項，讓我們在寫程式的時候可以針對不同的需求做不同的選擇。例如，Core OS 和 Core Services 包含了與 iOS 溝通的最基本介面 (Fundamental Interfaces)，其中包括那些用來存取檔案的介面、低階的資料形態、Bonjour 服務、網路 socket 等等。這些介面大部份都是用 C 寫的，其中涵蓋的技術包含 Core Foundation、CFNetwork、SQLite 以及 UNIX sockets 等等。不用擔心是否對上述的技術熟悉，在這個階段，只要記得 Core OS 和 Core Service 這兩個技術層所用到的介面都是用 C 寫的就可以了。由於這本書主要是介紹 Objective-C，對 Core OS 和 Core Service 這兩個技術層並不會多所著墨，之所以在這裡提出這兩個技術層，主要是想讓您對 iOS 的整個架構有一個概觀的瞭解而已。

往上一層來到 Media 這個技術層；在這個層級裡，所用到的技術就包含了 C 以及 Objective-C 兩種語言。例如用來做 2D 繪圖的 Quartz 2D，用來做 3D 繪圖的 OpenGL ES 以及支援聲音的 Core Audio 等等都是用 C 語言來建構的；然而像 Core Animation 這個動畫引擎，則必須用 Objective-C 來控制。

最上層的 Cocoa Touch 則大多使用 Objective-C，而這個技術層也是本書介紹的重點。這個層級所提供的開發套件 (Framework) 是開發 iOS 應用程式時最常用到的，例如 Foundation Framework 提供支援物件導向的集合 (Collections)、檔案管理以及網路操控 (Network Operations) 等等元件。

UIKit Framework 則提供一些常用的視覺元件，例如視窗 (Windows)、View，以及各種控制元件。這個層級的其他套件也提供了如存取聯絡人資料、相機照片以及接收加速器數值等各種硬體所提供的特性。

通常，一個 iPhone 專案都是從 Cocoa Tocuh 這個技術層開始的；使用最多的就是
UIKit Framework，這也是本書的介紹重點。當我們思考專案該採用哪些開發套件
(Framework) 時，應該從較高技術層有提供的套件開始考慮，因為較高的技術層提供
最簡易的方式來控制系統的行為，大大縮短程式人員開發的時間。只有當需要用到較
高的技術層沒有提供的功能時，才考慮用較底層的套件。

1.5 為 iOS 開發應用程式

iOS SDK 是開發 iOS 應用程式所需的主要工具，其中包括最主要的 Xcode，在本書裡會
做詳細的介紹。為了讓全世界擁有 iOS 裝置 (例如 iPhone、iPod touch、iPad 等) 的使
用者都能看到並且安裝我們開發的應用程式，當開發完成後，我們必需把應用程式經
由蘋果提供的 iTunes Connect 上傳到 App Store，通過蘋果的審核之後，應用程式便會
出現在 App Store 裡；而使用者就可以經由 App Store 下載並安裝，如圖 1-20 所示。

安裝在使用者 iOS 裝置上的應用程式，會跟系統預載的程式，如照片、時間、天氣等
等一樣出現在 Home 畫面上，如圖 1-21 所示。當應用程式執行的時候，會佔據整個
螢幕畫面成為使用者注目焦點，如圖 1-22 所示。

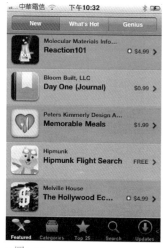

■ 圖 1-20

■ 圖 1-21

■ 圖 1-22：圖片截取自 Yahoo! 天氣
應用程式

iOS 裝置的操作和互動方式也與傳統的桌上型電腦應用程式有非常大的差別。有別於傳統的鍵盤和滑鼠，iOS 採用的是觸控式的操作。由於採用觸控式螢幕且支援多點觸控，使用者能夠用不同的觸控手勢進行例如放大、縮小等等的操作。

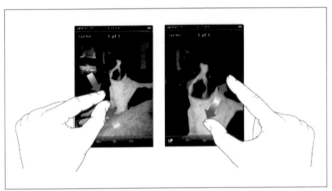

■ 圖1-23：iOS 裝置提供各種不同的觸控手勢來和應用程式做互動，例如兩個手指往外滑動可以用來放大圖片，往內滑動則可以縮小圖片

除了考慮程式架構之外，當開發應用程式時，我們也必須考慮使用者實際上會如何使用它。iOS 應用程式必須是簡潔的，並且專注於使用者使用當下的需求。請記住，當使用者處於移動狀態時，總是希望很快速地找到想要的資訊，而不是花很多時間學習如何使用應用程式。提供一個簡潔的畫面，讓使用者一眼就看到想要找的資訊是非常重要的。如果是遊戲或其他娛樂性質的應用程式，也必須考慮使用者會如何跟它互動；有效利用 iOS 裝置特有的硬體技術，例如加速器、相機等等，將會大幅提升我們應用程式的趣味性，進而提升玩家的黏著度。

如同上一個小節所提到的，當開發一個應用程式時，應當盡量利用最上層技術層所提供的套件。而其中最主要，幾乎是每一個 iOS 應用程式都會用到的套件，當屬 Foundation 和 UIKit 套件，這兩個套件提供了開發 iOS 應用程式的關鍵服務 (services)，在本書其他章節裡將會有更詳細的說明。當我們需要用到其他套件時，可以透過 iOS SDK 提供的輔助說明，對其他套件做更進一步的探索。

Chapter 2
初步探索 Xcode

本章學習目標：

1. 認識 iOS 的開發工具 Xcode。
2. 由一個簡單的範例來體驗 iOS 的程式開發。

本章將對開發 iOS 應用程式必備的工具 Xcode 做初步的介紹，所有 iOS 的開發都必須由啟動這個工具開始，讓我們一步一步地來了解這個工具到底有什麼強大的功能來幫助我們開發程式吧！

Learn more ▶

Written by 彭煥閔

2.1 打造一個全新的世界

這個世界是如何被創造出來的，不只是一個科學問題，更是一個哲學問題，也是遠遠超出了本書即將討論的範疇。本書的志向並沒有這麼偉大，我們在這要研究的主題只是要討論一下該如何在iPhone裏建造一個屬於我們的世界，這個在現實生活中解不出來的難題，移到iPhone時，又有什麼變化呢？會很難嗎？輕鬆一下，別太緊張，這一切也許比大家想像中簡單很多。

既然要創造一個世界，相信大部分的人都不會想要建立一個什麼都看不到的世界，所以我們就從如何建立一個擁有簡單的使用者介面的程式開頭吧。

「一切的程式都是由啟動Xcode開始」，當Xcode安裝完成後，我們會在工具列上看到圖2-1所示的Xcode的圖示。點選圖示後，程式會進入如下圖所示的啟動畫面：

■ 圖2-1

■ 圖2-2

在啟動畫面上可以看到最近開啟專案的列表，不過因為這是第一次啟動，所以上面暫時沒有任何資料在上面，除此之外，Xcode提供四種選擇來進行下一個步驟，這四種選擇分別是：

- **Create a new Xcode project**：建立全新的Xcode專案。

- **Check out an existing project**：當使用原始碼控管系統時，可以直接使用這個選項來和原始碼控制系統進行連結。

- **Learn about using Xcode**：開啟Xcode的說明，裏面有Xcode的介紹及完整的iOS和Mac OS開發的文件。

- **Go to Apple's developer portal**：開啟Apple程式開發人員的網站。

因為我們的目的是要建立第一個專案，所以請點選「Create a new Xcode project」來建立新的專案。

當點選「Create a new Xcode project」後，會出現下面的畫面：

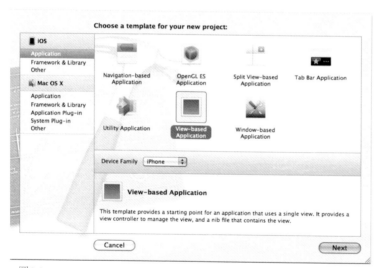

■ 圖 2-3

這個畫面分成左右兩部分，左邊選擇專案的主要平台和類型，右邊則是內建的程式樣版。因為我們要開發的是iOS的應用程式，所以請點選「Application」選項，這時右邊的畫面就會出現目前可選擇的程式樣版。選取「View-based Application」來做為樣版，接著請按下「Next」進入下一個畫面。

這個頁面的功能是為即將進行的專案取一個名字，既然我們想要打造一個全新的世界，就把專案名稱取名為「World」吧。

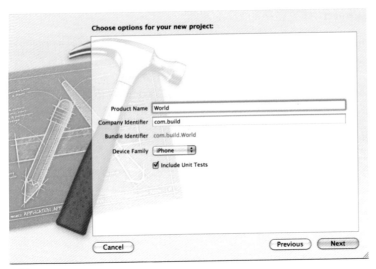

■ 圖2-4

輸入完「World」後，按下「Next」按鈕，精靈將會詢問我們打算將專案存在哪？為方便起見，採用預設設定，將專案存在桌面，並將之命名為「World」，按下「Save」確定後進行下一個步驟。

第一個重頭戲來了，我們會看到下面這個可怕的畫面：

■ 圖2-5

這個畫面提供一個簡易的方法來設定應用程式的基本屬性，像是圖示、支援旋轉，同時也可以設定一些程式的開場畫面、支援什麼平台，什麼版本的 OS 之類的設定。

我們還可以點選一下中間欄位的 PROJECT，會出現下面這個畫面：

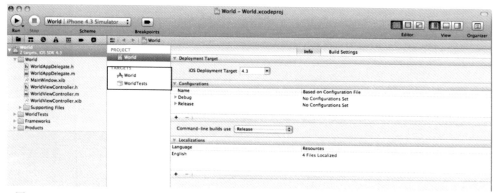

■ 圖 2-6

這個畫面列出了一些目前專案的設定，如偵錯版本要做什麼，發佈的版本要有什麼設定之類的東西。

圖 2-6、2-7 雖然看起來很複雜，但是非常地重要，因為這兩個畫面決定了程式的相容性，能在什麼平台執行等等，許多最基本但是卻是非常重要的設定，目前這些設定請先採取預設值，當對整個系統有更進一步了解後再做更深入的修改。接下來請將左邊面板的目錄內容展開：

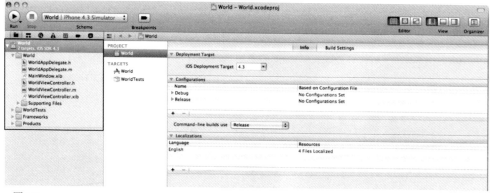

■ 圖 2-7

左邊的面版有幾個目錄：

World、WorldTests、Frameworks、Products。

這幾個黃色的目錄是所謂的虛擬分類，在 Xcode 中稱為 Group，主要的功能是為專案進行檔案的分類，像是資源檔放在同一個 Group，實作檔放在同一個 Group 等等，和真實的檔案系統並沒有直接對應的關係。在展開的檔案中，有幾種檔案是往後經常會遇到的，所以在這先做一些初步的介紹：

副檔名	說明
.h	標頭檔，用來宣告程式的介面，類別等的檔案，和 C/C++ 語言中的 .h 檔扮演了類似的角色。
.m	實作檔，對應到 C 語言中即 C 語言中的 .c 檔，C++ 語言中的 .cpp 檔，負責宣告類別和函數的實作。
.xib	在官方文件中都會將 .xib 檔稱為 Nib 檔，所以當官方文件中提到 Nib 檔時，指的就是 .xib 為副檔名的檔案，Nib 檔主要的功能是用來儲存我們在 Interface Builder (Xcode 中用來製作使用者介面的工具。) 中使用者介面的設定值。

請依序點選這些檔案，這時右邊的版面會出現對應於這些檔案的內容，我們可以使用畫面右上角的按鈕來規劃要顯示的版面，大致上 Xcode 工作區 (workspace) 版面的分配大致如圖 2-8 所示：

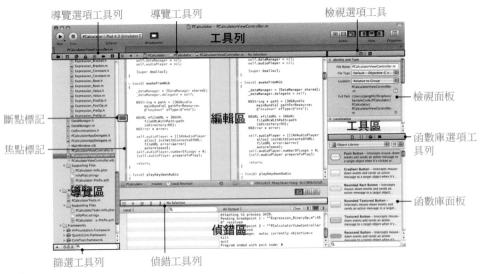

■ 圖 2-8

這個配置圖大約將整個程式分成四個區域：

- **編輯區 (Editor area)**：主要的編輯區域，負責修改檔案或是設定使用者介面等工作。

- **導覽區 (Navigator area)**：負責切換要編輯的內容，其他的區域內容會跟隨這個區域的選擇做對應的改變。導覽區上方還有一個工具列，提供不用的方式來檢視整個專案。

- **偵錯區 (Debugger area)**：提供偵錯的訊息。

- **工具區 (Utility area)**：此區會隨著要編輯的內容來變化，並提供一些工具來幫助我們檢視或是修改檔案，或是快速套用系統提供的元件等等工作。

因為目前要編輯使用者介面，所以請在導覽區裏找到「WorldViewController.xib」這個檔案。選取後，編輯區的內容會出現即將要修改的使用者介面，此時順便將工具區展開，會出現如圖2-9所示的畫面：

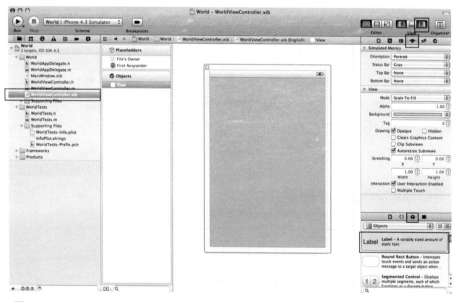

■ 圖2-9

接下來，請將右邊的「Label」和「Map View」拖拉到中間的畫面框框中，調整一下位置和大小後就可以得到圖2-10的畫面：

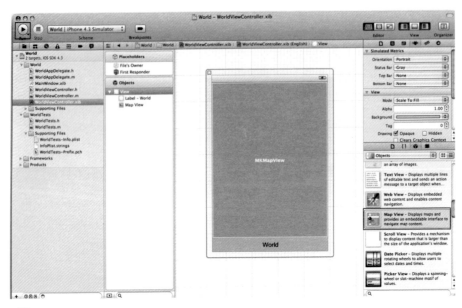

■ 圖 2-10

現在「World」的基礎已經打好了，但是因為剛剛我們用了「Map View」這個元件，這東西其實就是常見的Google Map簡易版，在預設的情況下，Xcode不會把Map相關的函數庫載入，如果直接點選左上角的播放按鈕，Xcode會產生編譯錯誤，所以必須在專案中再做一些設定，告訴Xcode該引用什麼函數庫進來，請依照下列步驟來將地圖的函數庫加入專案中：

1. 選取 TARGETS 裏的 World。

2. 點選右邊的 Build Phases。

3. 展開 Link Binary with Libraries。

4. 點選「+」，將會彈出函數庫的選單。

5. 選取 MapKit.framework。

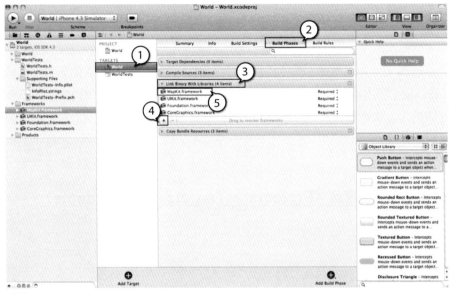

■ 圖 2-11

當一切都打理好後,再按一下畫面左上角的
播放鈕,Xcode 就會開始編譯程式,編譯完
成後 Xcode 會自動呼叫 iPhone 的模擬器來執
行程式,圖 2-12 就是執行的結果:

現在一個基本的小程式完成了,畫面上有張
地圖,還有地名文字,雖然很陽春,但是重
點是我們一行程式都還沒輸入就有這樣的結
果。如何?對於這個自己親手打造的 iPhone
世界還滿意嗎?

■ 圖 2-12

2.2 開發工具

上一小節中我們使用 Xcode 開發了第一個程式，所謂「工欲善其事，必先利其器」，想要寫出優秀的程式，善用開發工具自然是件非常重要的事，Xcode 是一個整合式的開發環境 (在以前的版本許多功能是各自獨立的程式)，裏面有許多的細節及功能，只要能好好地利用，就能在程式開發的過程中，提供非常大的幫助，接下來的章節將會對這個開發環境相關的一些設定、功能和名詞做介紹。

2.2.1 專案、目標和產品（Projects 、 Targets and Products）

用 Xcode 來開發軟體有三個基本元素是必須要知道的：

第一個是「專案」(project) 掌管了整個專案大部分的細節，Xcode 的專案包含了下面的資訊：

- **檔案的參考** (reference，可視為和某樣東西的連結)，包含了：
    - 標頭檔和實作檔。
    - 內部和外部的 libraries 或 frameworks。
    - 資源檔，例如程式的設定檔、字串資源檔等等。
    - 影像檔。
    - Interface Builder(nib) 檔。
- **用來組織管理檔案的群組 (Group)。**
- **專案級別的設定，可以為專案指定一個以上的建置設定，例如：**我們可以為一個專案建置兩個設定，一個是在開發時使用 (通常這個設定稱為 debug 設定，通常會包含許多偵錯需要的訊息。)，另一個則是在產品發佈時使用 (通常這個設定稱為 release 設定)。

第二個是「目標」(target)，包含了該如何產生軟體元件的指令集，包含了：

- **由專案產生「產品」**(product，請參考下一個說明) 的連結，指定產生出來的二進位檔要放在哪裏。
- **需要用來產生「產品」所需要的檔案的連結** (記錄有哪些檔案要包裝到產品中)。

• 用來產生「產品」的設定，包含了和其他「目標」或設定的相關性，例如：當前的「目標」是要產生一個臉書的應用程式，而要產生這個應用程式，必須引用另一個專門處理臉書指令的「目標」就可以為這兩者設定關聯。

第三個是專案最後的產出「產品」(product)，也就是最後真正執行程式的二進位檔，同時也是拿來上傳到 App store 的檔案。

上述這三個元素是建立任何軟體專案都必須要面對的三樣東西，

我們使用下圖的例子 (MyProject) 來說明這三者的關係：

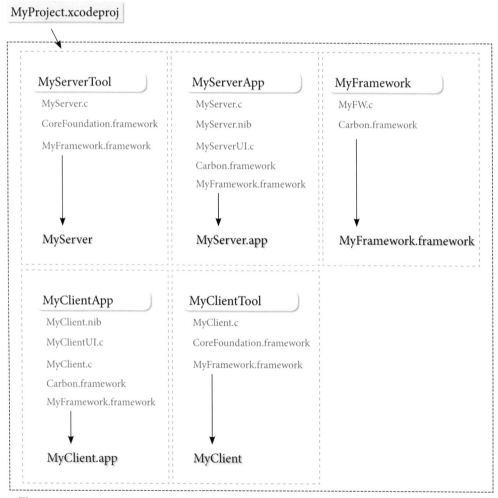

■ 圖 2-13

Project	說明
MyProject.xcodeproj	負責描述專案資料設定的檔案

Targets	說明
MyServerTool	建置一個伺服端的命令列工具
MyClientApp	建置一個客戶端的應用程式
MyClientTool	建置一個客戶端的命令列工具
MyFramework	建置一個自己的函數庫
MyServerApp	建置一個伺服端的應用程式

Products	說明
MyServer	伺服端的命令列工具
MyClient.app	客戶端的應用程式
MyClient	客戶端的命令列工具
MyFramework.framework	自己的函數庫
MyServer.app	伺服端的應用程式

在上面的專案，因為要建立的是一個較大的專案，所以設定中有許多個目標（Target），分別用來建置客戶端和伺服端的應用，此時我們可以利用 Xcode 的方案（Scheme）設定來指定 Xcode 要依據哪些目標來建置產品。

當所有的工作、產品上架手續都完成時，只要使用「Product > Archive」對產品進行檔案備份，再使用「Window > Organizer」打開 Organizer，接著在 Archives 頁面中指定好要上傳的檔案備份，點選 Submit 按鈕，接著按照 Organizer 的指示，即可完成產品簽章和上傳至 App Store 的手續，相當地方便。

在大致了解「專案」、「目標」和「產品」之間的關係之後，我們再回來看看之前建立的專案，首先讓我們回到專案起始的畫面，這時左邊的導覽面板選定的目標是專案本身，在畫面中央部分有「PROJECT」和「TARGETS」兩個設定，讓我們先來看看「PROJECT」裏究竟有什麼東西：

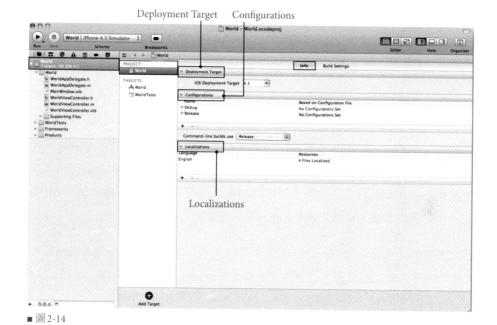

Deployment Target　　　Configurations

Localizations

■ 圖 2-14

點選了「PROJECT」後，這個畫面的最右邊有三組設定，它們的功能分別是：

▲ Deployment Target

指定產生出來的程式打算在哪個版本以上的平台上執行。舉個例來說，我們可以設定程式在2.0以上的平台皆可執行。但是有件事我們必須要注意的是，雖然程式允許在較舊版本的作業系統上執行，但是並不代表新版本上的新功能都運行無誤，因此若程式設計需求是向下相容，在程式碼中會需要對版本做一些判別來執行合適的程式碼，否則可能會產生無法預期的錯誤。

舉個例來說，在iOS4之後，提供了直接存取系統相簿的能力，這功能在前幾個版本的作業系統是不被允許的，因此若程式中有使用到存取系統相簿的功能而又希望程式能在早期作業系統上跑，在存取系統相簿這部分的程式，在偵測到作業系統版本太舊時，就必須停止使用，不然就會出現問題。

▲ Configurations

決定產生出來的程式是 Debug 版本、Release 版本或是其他自訂的版本，一般來說 Debug 的設定會將許多偵錯資訊放入程式中，而 Release 則不會將這些資訊放入程式中 而且會對未來要佈署的平台進行程式的最佳化來增進執行效率。而在最後打算將產品 上架到 Apple 的 Apps Store 時會需要一個一般稱為 Distribution 的版本，可以使用 Xcode 利用選單裏的「Product - Archive」來產生準備要發佈的版本然後在使用 Organizer (由 選單「Window - Organizer」啟動) 來提交 (Submit) 應用程式給 Apple，Distribution 版本 基本上會和 Released 版相同但是會額外對產品加上數位簽章，這個簽章必須向 Apple 申請。只有加上數位簽章的產品才能在 Apps Store 上架。

此外，程式最後的產出是依據 Configuration 來儲存，因此用同一個 Configuration 不同 TARGET 產生的程式會互相覆蓋，這是在設定 Configuration 時要注意的地方。

▲ Localizations

為程式產生多國語言支援的設定檔。

至於在「Info」旁邊的「Build Settings」頁面則是對程式進行更細部的設定，這些設定的 內容超出本書討論的範圍，因此建議讀者們在對 iOS 程式設計有一定的熟悉程度後再 回頭來研究這些東西，一般來說這些設定是不需要主動去修改的。

接下來，請把畫面切換到「TARGET」。

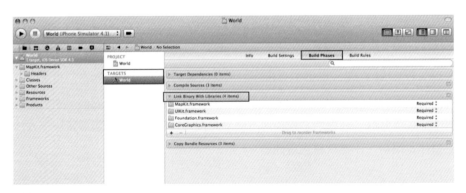

■ 圖 2-15

在TARGET畫面中，最常需要修改的地方是「Build Phases」(請參考以下的說明) 裏的「Link Binary With Libraries」，我們必須在這裏指定程式需要引用的函數庫，例如要使用Google Map就必須引用對應的函數庫等等，否則程式會無法編譯成功。

> 「Build Phases」指的是在建置專案時必須進行的一系列工作，除了預設的幾個「Build Phases」之外，Xcode允許使用許多「Build Phases」，包含了「Copy Headers」、「Copy Bundle Resources, Build Java Resources」、「Copy Files」、「Compile Sources」、「Run Script」、「Link Binary With Libraries」等等，以上這些「Build Phases」只要設定適當，可以相當程度地減少許多例行工作，如自動將檔案備份等等，讀者們可以在對專個專案建置更熟悉後，再慢慢地了解如何利用設定「Build Phases」來簡化開發的工作。

2.2.2 檔案編輯器（Source Editor）

在使用Xcode開發應用程式的過程中，最重要也是最常用的工具就是檔案編輯器，Xcode提供了相當多的輔助工具，讓程式更容易地在檔案編輯器中完成程式的開發，接下來就來介紹一下幾個好用的功能。

▲ Code Snippet Library

Xcode內建了許多程式片段的樣版 (圖2-16)，當輸入程式碼可以提示、簡化程式的輸入作業，例如圖2-17 就是一個可以做為建立類別宣告時使用的基礎樣版：

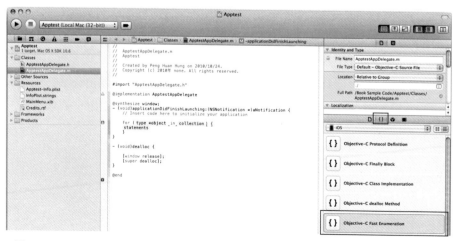

■ 圖2-16

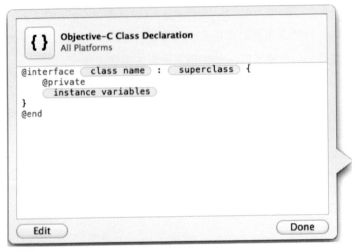

■ 圖 2-17

這個樣版提供了宣告一個類別時需要架構的基本樣式，對一開始使用Objective-C的讀者來說相當地方便。

▲ Quick Help

在寫程式的過程中，如果能隨時對輸入的東西提示說明，在很多情況下相當有幫助，Quick Help 就是 Xcode 提供即時參考資訊的小工具，例如遇到某個類別卻不知道這是什麼東西時，Quick Help 就會對該類別進行摘要介紹，例如圖 2-18 就是對「NSNotification」進行提示，這些提示包含了：

提示	說明
Name	名稱
Declared in	這個類別是在哪個檔案中宣告的，本例中，在這會提示 NSNotification 是在 NSNotification.h 中宣告的。
Abstract	類別的摘要介紹，可以在這大致了解類別的功用是什麼。
Availability	這個類別在何種版本的作業系統中使用，本例中，在這就會提示 NSNotification 可以在 iOS 2.0 以後的版本使用。
Reference	詳細說明的連結，點選後會顯示此類別的完整說明。
Related Documents	其他相關的文件連結，例如使用這個類別的指引文件 (guide)。

Sample Codes	關於這個類別的範例，在本例中，Quick Help 所提示 NSNotification 的範例有：CoreDataBooks、EADemo、GKRocket、MoviePlayer、TopSongs，讀者們可以藉由這些範例更進一步來瞭解這個類別的使用方法。

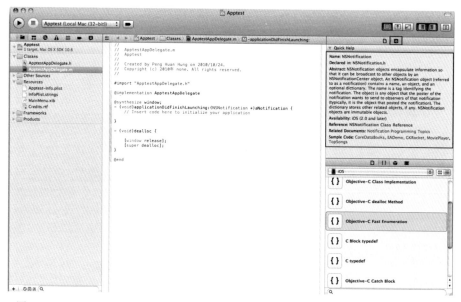

■ 圖 2-18

▲ Static Code Analysis

Static code analysis 可以在程式撰寫的過程中，直接分析原始碼然後發現可能的潛在錯誤，不必真正地執行程式來測試，定期在程式寫到一個段落時，就將程式碼分析一下看是否有什麼地方可以改進，就經驗上來說，對程式的穩定性有相當大的幫助，圖 2-19 即是一個分析結果的範例，程式經過分析後，Xcode 會自動標出可能有問題的變數和變數使用的過程，我們可以依據分析結果的提示來修正程式。

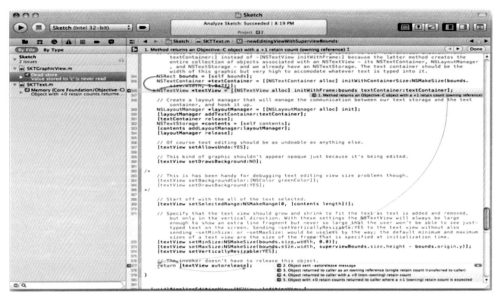

■ 圖 2-19

▲ Code Completion

Code completion 指的是開發工具能夠依據目前使用者的輸入，提供使用者可能的候選辭句來幫使用者快速完成程式，這個功能可以說是現在所有程式開發的IDE必備的一個能力，在Xcode中輸入程式碼時會跳出一些畫面，例如在輸入Objective-C的字串類別NSString時，系統就會出現下面的提示：

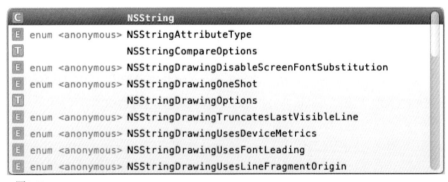

■ 圖 2-20

系統會列出目前和 NSString 相關的資料給我們參考，而在宣告完 NSString 後，若要使用 NSString 提供的功能，可以在宣告的變數後面直接按下「ESC」鍵，系統就會跳出關於 NSString 可用功能的選單 (如下圖) 給我們參考：

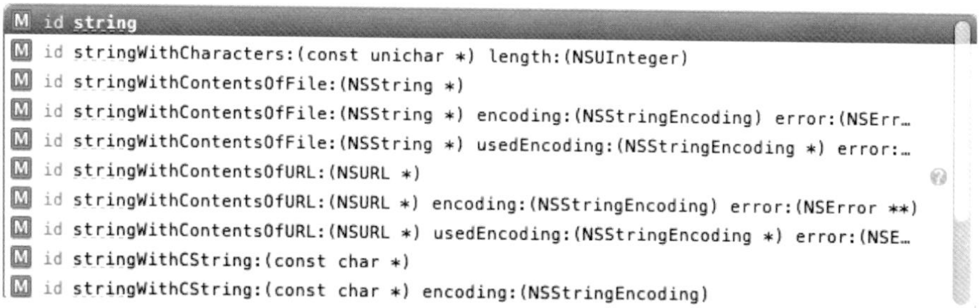

```
M  id string
M  id stringWithCharacters:(const unichar *) length:(NSUInteger)
M  id stringWithContentsOfFile:(NSString *)
M  id stringWithContentsOfFile:(NSString *) encoding:(NSStringEncoding) error:(NSErr…
M  id stringWithContentsOfFile:(NSString *) usedEncoding:(NSStringEncoding *) error:…
M  id stringWithContentsOfURL:(NSURL *)
M  id stringWithContentsOfURL:(NSURL *) encoding:(NSStringEncoding) error:(NSError **)
M  id stringWithContentsOfURL:(NSURL *) usedEncoding:(NSStringEncoding *) error:(NSE…
M  id stringWithCString:(const char *)
M  id stringWithCString:(const char *) encoding:(NSStringEncoding)
```

■ 圖 2-21

這樣一來，有了 code complete 的功能後，我們就不必死背每個類別到底有支援哪些功能了，只要記住一些關鍵字，code complete 功能就能快速地將程式完成。

2.3 小結

在本章中我們介紹了開發 iOS 程式的工具 Xcode，雖然有了這個好用的工具，但是一切都只是開始而已，在接下來的章節將會陸續介紹更多關於 iOS 程式開發的細節，讓我們一步一步地往下研究吧。

2.4 習題

1. 請問在開發 iPhone 程式時，最常使用的工具是什麼？

2. 請列舉在開發 iPhone 程式時會遇到的檔案類型，它們的功能分別是什麼？

3. 請舉個實例來說明專案、目標和產品之間的關係。

4. 請列出當程式中要使用到地圖物件時，要執行哪些動作。

5. 請舉出一個在程式開發中可以幫助我們檢查程式錯誤的工具名稱。

Chapter 3
常用畫面元件：UI元件的介紹

本章學習目標：

1. 了解 iOS 使用者介面的組成。
2. 了解 Views and Controls 的角色及分工。
3. 了解常用元件的使用時機。

Learn more▸

Written by 彭煥閎

iOS 提供了許多畫面元件來讓開發人員輕易地將這些元件組成好用的使用者介面，善用這些元件不但能節省許多開發時間，更能讓使用者擁有更好的使用經驗，為應用程式添加許多分數。在這一章將分二大類別來介紹這些常用的元件，第一個部分是「視圖」(View)，第二個部分是「視圖控制器」(View controller)。

「視圖」和「視圖控制器」可以說是一體兩面的東西，在某種程度上具有相當程度的關聯，「視圖」指的是在畫面上看到的一些元件，例如按鈕、圖片、表格、開關等等，但在「視圖控制器」出現前，這些東西就僅僅是畫面上的一些圖案而已，它們沒有任何的能力和使用者進行互動，而「視圖控制器」則是賦予這些「視圖」生命的關鍵，當使用者對「視圖」元件進行動作時，「視圖」元件會將這些資訊，例如「使用者按下」這個動作傳遞給「視圖控制器」，而「視圖控制器」再依據這些資訊進行相對應的工作，例如換頁、改變「視圖」元件的狀態、外型等等，兩者相互配合就組成了應用程式的使用者介面。

一般來說「視圖」和「視圖控制器」是屬於「一對一」或是「多對一」的關係，也就是說「視圖控制器」會負責一個以上的「視圖」動作，同一個畫面的許多元件 (如按鈕、開關等等) 會將使用者對它們的動作通知給同一個「視圖控制器」，原則上「每一個頁面」會用一個「視圖控制器」來控制這個頁面上所有的「視圖」，此外有些「視圖控制器」則是專門用來做為其他「視圖控制器」的容器 (例如導覽控制器、頁籤控制器)，在這種情況下就有可能會在同一個畫面出現兩個「視圖控制器」。

本書在後面的章節中，會對 iOS 常用的設計架構 Model–View–Controller (MVC) 做進一步的介紹，而「視圖」和「視圖控制器」就是這個架構中 View 和 Controller 的角色，負責使用者介面的顯示和作為使用者和資料模組溝通的橋樑，本章將先對這些元件的功能及使用時機做一些基本的介紹。

3.1 Cocoa Touch

Cocoa Touch 是 Apple 在 iOS 開發使用者介面的函數庫，Cocoa Touch 大致將它的元件分成幾個類別，下表列出了這些分類及它們所包含的常用元件：

分類：控制器 (Controllers)

說明：控制器又稱為視圖控制器，主要的功能就是用來管理各種視圖，程式可以建立合適的控制器來管理畫面的導覽列、表格、標籤頁等等的視圖元件，請參考下表的介紹：

元件	英文	實作類別
視圖控制器	View Controller	UIViewController
表格視圖控制器	Table View Controller	UITableViewController
分割視圖控制器 (iPad only.)	Split View Controller	UISplitViewController
導覽控制器	Navigation Controller	UINavigationController
頁籤控制器	Tab Bar Controller	UITabBarController
影像選取控制器	Image Picker Controller	UIImagePickerController

分類：資料視圖 (Data Views)

說明：資料視圖顧名思義，主要的功能就是將資料 (文字、影像、資料庫、網頁等等) 呈現給使用者，一般來說會使用視圖控制器來管理資料視圖，一個控制器能夠同時管理一個以上的資料視圖，也可以將多個資料視圖放入一個視圖中，然後依據程式的特性來排版所有的資料視圖，也可以在資料視圖內放入控制項物件，這些加入資料視圖的物件只會在資料視圖的顯示範圍內出現，請參考下表的介紹：

元件	英文	實作類別
表格視圖	Table View	UITableView
儲存格	Table View Cell	UITableViewCell
影像視圖	Image View	UIImageView
文字視圖	Text View	UITextView
網頁視圖	Web View	UIWebView

地圖視圖	Map View	MKMapView
捲軸視圖	Scroll View	UIScrollView
日期選擇器	Date Picker	UIDatePicker
資料選擇器視圖	Picker View	UIPickerView
廣告視圖	Ad Banner View	ADBannerView

分類：控制項 (Controls)

說明：控制項主要的功能是用來接收使用者的輸入，例如文字、開關、按鈕、分段、分頁等等，此外有些控制項則是用來將某些狀態告訴使用者，如進度、標籤等等，控制項可以加入視圖中，使用者對這些控制項操作產生的訊息通常都會交給視圖來處理，請參考下表的介紹：

元件	英文	實作類別
標籤	Label	UILabel
按鈕	Round Rect Button	UIButton
分段控制	Segmented Control	UISegmentedControl
文字列	Text Field	UITextField
滑軌	Slider	UISlider
開關	Switch	UISwitch
活動指示	Activity Indicator View	UIActivityIndicatorView
進度顯示	Progress View	UIProgressView
頁面控制	Page Control	UIPageControl

分類：視窗、視圖、橫列 (Windows、Views & Bars)

說明：這個分類提供了一些現成的工具可以直接加入視圖中，如搜尋、工具列等等，可以幫助簡化一些常用的例行工作，請參考下表的介紹：

元件	英文	實作類別
視圖	View	UIView

視窗	Window	UIWindow
導覽列	Navigation Bar	UINavigationBar
導覽鈕	Navigation Item	UINavigationItem
搜尋列	Search Bar	UISearchBar
搜尋列及結果顯示	Search Bar and Search Display Controller	UISearchBar
工具列	Toolbar	UIToolBar
工具列按鈕	Bar Button Item	UIBarButtonItem
固定長度工具按鈕	Fixed Space Bar Button Item	UIBarButtonItem
不定長度工具按鈕	Flexible Space Bar Item	UIBarButtonItem
頁籤列	Tab Bar	UITabBar
頁籤	Tab Bar Item	UITabBarItem

3.1.1 常用控制器（Controllers）

接下來對上面這些元件中較常使用的元件做更進一步地介紹：

元件名稱：視圖控制器 (View Controller)

類別：UIViewController

使用時機：管理視圖的顯示並做為視圖和底層模組溝通的橋樑。

圖示說明：無

使用說明：視圖控制器 (View Controller) 是所有控制器的基礎，除了提供基本管理視圖的功能外，視圖控制器也負責畫面轉向 (直向轉橫向或是橫向轉直向) 相關的工作。

元件名稱：表格視圖控制器 (Table View Controller)

類別：UITableViewController

圖示說明：下面列舉幾種常見的表格視圖控制器，表格控制器也常常會搭配其他控制器一起使用，下面第一、三個圖即是表格視圖控制器和頁籤控制器搭配的範例：

使用時機：顯示表格的資料。

使用說明：表格視圖控制器 (Table View Controller) 管理一個表格，同時負責表格的生成、顯示、大小調整等等工作。此外表格視圖控制器本身亦提供表格視圖 (table view) 資料的來源。

元件名稱：分割視圖控制器 (Split View Controller)

類別：UISplitViewController

圖示說明：分割視圖控制器在直向和橫向時使用不同的配置方式，左邊的視圖在直向時會自動隱藏，必須使用程式碼將其顯示出來。下面圖示展示了分割視圖由橫向轉成直向的過程：

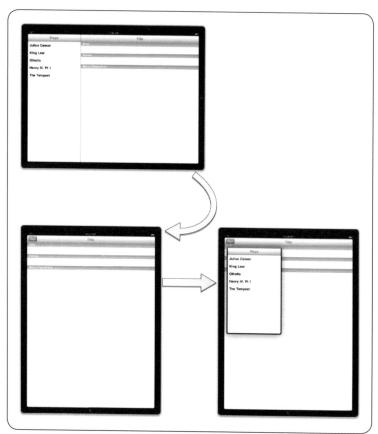

使用時機：將 iPad 的應用程式分割成左右兩部分，通常會把左邊用來放置類似目錄的資料，而右邊則是用來使用放置左邊選取目錄的詳細資料。

使用說明：分割視圖控制器 (Split View Controller) 只有 iPad 的應用程式才支援。分割視圖控制器將畫面分割成左右兩個部分，一般來說，左邊的分割會用來顯示資料的摘要資訊 (通常稱這個 view 為 master view)，而右邊的分割用來顯示資料的詳細資料 (通常稱這個 view 為 detail view)。

元件名稱：導覽控制器 (avigation Controller)

類別：UINavigationController

圖示說明：導覽控制器的結構圖：

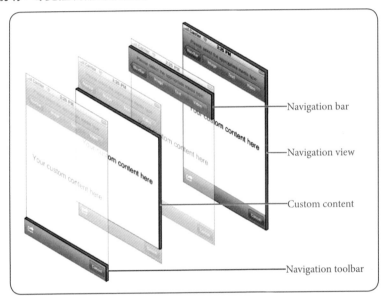

導覽控制器的操作流程圖，當進入下一頁時，回到上一頁的資訊會自動出現在畫面的左上方：

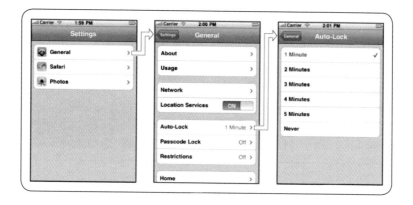

使用時機：快速地製作上一頁、下一頁導覽類型的程式。Navigation controller會自動幫我們管理畫面的切換的工作，並且提供簡單的換頁動畫。

使用說明：導覽控制器 (Navigation controller) 的內部使用一個堆疊 (stack) 來管理它所管理的視圖控制器，同時會依據推入 (push) 或是推出 (pop) 的視圖控制器來自動顯示對應的標題、導覽鈕等等和目前顯示視圖相關的資訊。

元件名稱：頁籤控制器 (Tab Bar Controller)

類別：UITabBarController

圖示說明：頁籤控制器的結構圖如下：

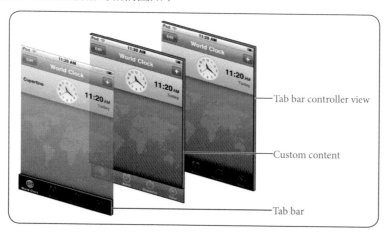

Tab bar controller view

Custom content

Tab bar

頁籤控制器下方的4個頁籤提供了4種不同的功能：

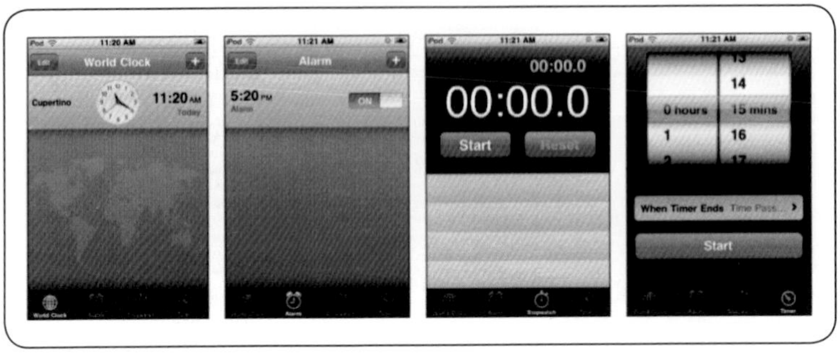

使用時機：使用頁籤來顯示所管理的視圖控制器，類似IE裏用頁籤來管理所有瀏覽網頁的方式，使用者可以點選頁籤來顯示合適的視圖控制器。

使用說明：頁籤控制器 (Tab bar controller) 管理了許多視圖控制器，這些視圖控制器在頁籤控制器裏擔任和頁籤 (tab bar item) 進行互動的角色，使用者藉由點選這些頁籤來顯示對應的畫面。原則上頁籤控制在所有的控制器中都是擔任基底容器的角色，也就是說在正常的情況下，只會有將其他控制器放下頁籤控制器的情形，而不會將頁籤控制器放到其他的控制器中。

元件名稱：影像選取控制器 (Image Picker Controller)

類別：UIImagePickerController

圖示說明：常見的影像選取模式，依序的動作是：

選取相簿
▼
已選取相簿內容的列表
▼
選取相片的預覽

下面的圖示展示了平常使用影像選取控制器的流程：

使用時機：讓使用者選取相簿中的相片或是影片。

使用說明：影像選取控制器 (Image picker controller) 提供了和系統相簿相同的使用者介面來讓使用者選取系統相簿中的相片或是影片。

3.1.2 常用資料視圖（Data Views）

元件名稱：表格視圖 (Table View)

類別：UITableView

圖示說明：表格視圖可使用平鋪式 (plain) 和群組式 (grouped) 來顯示資料，以下是這兩種顯示的範例：

簡單的列表檢視　　　包含索引值的列表檢視　　　以群組的方式檢視

使用時機：以列表的方式來顯示資料，通常如聯絡人等資料都是使用表格視圖來顯示。一般來說會使用表格視圖控制器來管理表格的內容。

使用說明：表格視圖 (Table view) 雖然名字叫做表格，但是在實際上，iOS 裏的表格僅僅只有一行 (column) 資料而已，iOS 提供的是一種一行多列的表格，表格中的每一列是由儲存格 (table view cell) 所組成，程式可以藉由客製化儲存格的內容來顯示資料，iOS 允許使用者可以對表格進行新增、刪除、重新排序等等工作。

元件名稱：儲存格 (Table View Cell)

類別：UITableViewCell

圖示說明：下面是提示使用者還有下一頁的儲存格：

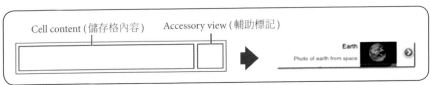

在前方放置影像的儲存格：

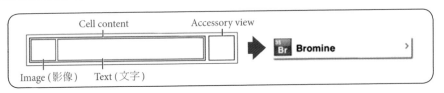

處於編輯狀態的儲存格：

客製化的儲存格：

使用時機：藉由繼承儲存格自訂儲存格的內容來製作非常專業的表格。

使用說明：儲存格 (Table view cell) 是表格視圖 (table view) 用來顯示資料的元件，程式可以依據使用者使用表格的狀態，如選取、編輯等等來決定儲存格顯示的方式。

元件名稱：影像視圖 (Image View)

類別：UIImageView

圖示說明：下頁圖是直接將圖檔載入程式中的範例：

使用時機：顯示影像資料。

使用說明：影像視圖 (Image view) 提供顯示影像資料的元件，程式可以同時將多張影像放入影像視圖中並連續顯示這些圖片，影像視圖支援以下影像格式：

檔案格式及副檔名：
Tagged Image File Format (TIFF)：tiff、tif
Joint Photographic Experts Group (JPEG)：jpg、jpeg
Graphic Interchange Format (GIF)：gif

Portable Network Graphic (PNG)：png

Windows Bitmap Format (DIB)：bmp、BMP

Windows Icon Format：ico

Windows Cursor：cur

XWindow bitmap：xbm

元件名稱：文字視圖 (Text View)

類別：UITextView

圖示說明：下圖中間顯示文字的區塊即為文字視圖：

使用時機：顯示 / 編輯文字。

使用說明：文字視圖 (Text view) 提供一個方型的區域來顯示/編輯「多行」文字，當使用者點選文字時，系統將會自動顯示鍵盤，當使用者輸入「return」後鍵盤會在失去主控權後自動消失，程式可以指定字型、顏色和對齊方式等屬性來顯示文字視圖的內容。此外文字視圖內的文字格式必須是統一的，因此若需要同時使用多種樣式來顯示文字時，必須使用其他的方式，如 HTML 配合網頁視圖來顯示。

元件名稱：網頁視圖 (Web View)

類別：UIWebView

圖示說明：下面網頁視圖的例子，程式可以使用網頁視圖來顯示 HTML 格式的郵件：

使用時機：顯示 HTML，平常收取的 HTML 郵件即可使用網頁視圖來顯示。

使用說明：網頁視圖 (Web view) 提供將網頁或是 HTML 的內容內嵌到程式中的方法，同時提供上一頁、下一頁等瀏覽網頁的基本功能。

元件名稱：地圖視圖 (Map View)

類別：MKMapView

圖示說明：下面是地圖視圖的範例，地圖視圖的內容顯示的方式和平常使用的 Google 是大致雷同的：

使用時機：顯示電子地圖。

使用說明：地圖視圖 (Map view) 提供將電子地圖內嵌在程式中的方法，程式可以指定地圖要顯示的部分、大小和對地圖做標記等等一般地圖應該程式常見到的功能，此外亦可配合 Google 提供的地圖相關功能 (此部分非內建元件的功能但可以配合 HTTP 相關的元件來達成。) 來和地圖程式相互搭配製作專業的地圖相關軟體。

元件名稱：捲軸視圖 (Scroll View)

類別：UIScrollView

圖示說明：下頁的圖介紹了捲軸視圖的概念，當影像大於顯示視窗時，可以移動顯視視窗來顯示部分的圖案，也可以將圖放大或是縮小：

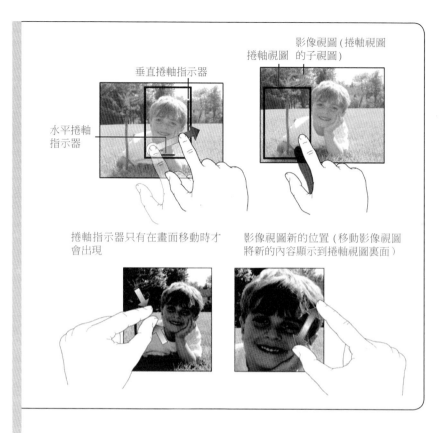

下圖是使用捲軸視圖來模擬分頁效果的示意圖：

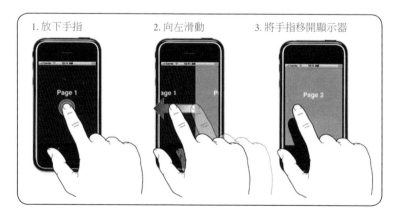

使用時機：顯示比螢幕顯示範圍還要大的內容。

使用說明：捲軸視圖 (Scroll view) 提供使用者將大於螢幕的內容顯示在畫面上，使用者可以使用觸控指令將想顯示的內容移動至螢幕內。

元件名稱：日期選擇器 (Date Picke)

類別：UIDatePicker

圖示說明：下面是日期選擇器的一個範例，資料排列的順序可依程式的需求來改變：

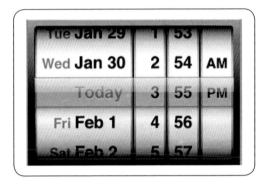

使用時機：選擇日期資料。

使用說明：日期選擇器 (Date picker) 提供滾輪式的使用者介面讓使用者選擇日期資料，除了選擇日期之外，日期選擇器也可以做為倒數計時的工具。

元件名稱：資料選擇器視圖 (Picker View)

類別：UIPickerView

圖示說明：下面是資料選擇器的範例：

使用時機：提供資料列表資料供使用者選擇。

使用說明：資料選擇器 (Picker view) 提供設計人員將多維度 (一行多列) 的資料以滾輪式的介面顯示給使用者，每一列資料都可以擁有自己的內容，而這些內容可以由字串或是視圖 (標籤、影像等等，可以拿來做類似水果盤的程式) 所組成。

元件名稱：廣告視圖 (Ad Banner View)

類別：ADBannerView

圖示說明：下圖是廣告視圖運作的示意圖：

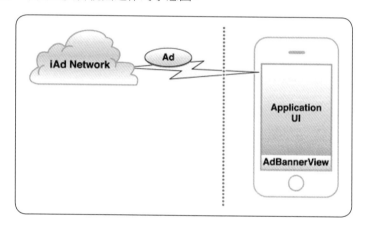

使用者點選廣告視圖時，廣告應用就會自動跳出並佔滿整個應用程式的畫面 (左圖)；右圖是廣告視圖的一個範例，下方的區塊就是廣告視圖。

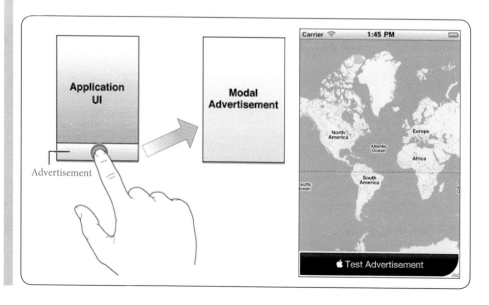

使用時機：顯示網路廣告。

使用說明：廣告視圖 (Ad banner view) 即是 Apple 提供的網路廣告 iAd 的元件，當程式想要將 iAd 引入程式中時就，可以將廣告視圖放入使用者介面中。上方預覽圖下面的小矩形即是廣告在正式上線時出現的位置，在開發的過程式，Apple 會傳送測試的廣告資料讓程式能順利地開發。

> 使用廣告視圖必須要注意，Apple 有規定當尚未收到廣告內容時，不可將廣告視圖顯示出來，因此在測試資料時也會不定時地出現錯誤資料來幫助程式驗證廣告視圖的開發，此外在 iOS 4.3 版之後，Apple 也提供了新的插入式廣告讓開發人員有更多廣告類型選擇。

3.1.3 常用控制項（Controls）

元件名稱：標籤 (Label)

類別：UILabel

圖示說明：無

使用時機：顯示靜態文字。

使用說明：標籤 (Label) 用來顯示唯讀的文字資料，原則上標籤允許放入任意長度的文字，但是標籤會依定義的顯示範圍來擷取文字，標籤可以設定文字的字型、顏色、對齊方式等屬性但是所有的內容樣式必須相同，若需要針對不同內容定義不同的樣式則需要使用其他的視圖元件如 UIWebView 才能辦到。

元件名稱：按鈕 (Round Rect Button)

類別：UIButton

圖示說明：無

使用時機：提供畫面的按鈕讓使用者點選。

使用說明：按鈕 (Button) 可以和程式中的某個函數進行連結，當使用者按下按鈕時即可執行該函數，按鈕可以指定標題、圖片和其他外觀相關的屬性，此外還可以為按鈕的各種狀態 (例如：使用者按下) 指定各種外觀的樣式。

元件名稱：分段控制 (Segmented Control)

類別：UISegmentedControl

圖示說明：

使用時機：將整份內容以不同區段方式來顯示。

使用說明：分段控制 (Segmented control) 用來顯示可以將內文分成很多區段的內容，每個區段按鈕的樣式可以全部是文字或是全部是影像，但不能同時存在。

元件名稱：文字列 (Text Field)

類別：UITextField

圖示說明：無

使用時機：顯示單行文字。

使用說明：文字列 (Text field) 提供一個方型的區域來顯示／編輯「單行」文字，當使用者點選文字時，系統將會自動顯示鍵盤，當使用者輸入「return」後鍵盤會在失去主控權後自動消失。

元件名稱：滑軌 (Slider)

類別：UISlider

圖示說明：

使用時機：用來標示一個範圍內的資料。

使用說明：滑軌 (Slider) 是一個水平的滑軌，由一個橫列 (橫向的 bar，用來顯示目前允許的範圍，亦稱為 track) 和標記 (indicator，用來顯示目前的值，亦稱為 thumb 或是 indicator) 所組成，可以用來顯示一個範圍的資料，例如程式想顯示一段 0 到 100 的資料，就可以將 slider 的最小值和最大值設定為 0 和 100，而 slider 中間會有一個標記用來標示目前的值，當使用者移動這個標記時，slider 就會將目前使用者選定的值通知給程式。程式也可以藉由對 slider 設定這個值來移動標記的位置。

元件名稱：開關 (Switch)

類別：UISwitch

圖示說明：

使用時機：顯示布林值 (真和假、或是 0 和 1)。

使用說明：開關 (Switch) 用來顯示某個真假值，使用者可以利用這個控制項將某個數數在真假值之間切換。

元件名稱：活動指示 (Activity Indicator View)

類別：UIActivityIndicatorView

圖示說明：

使用時機：提示使用者目前有某個工作正在進行中。

使用說明：活動指示 (Activity indicator view) 使用一個動態的圖畫來提醒使用者目前有某個工作正在進行中。通常若有一個工作「無法預估它的完成時間」的時候就可以使用活動指示來提醒使用者，若這個工作「進度是可預測」的習慣上就會使用另一個元件進度顯示 (progress view，請參考下一個元件的說明) 來提示使用者目前的進度狀態。

元件名稱：進度顯示 (Progress View)

類別：UIProgressView

圖示說明：

使用時機：顯示某一項工作的進度。

使用說明：進度顯示 (Progress view) 用來表示某一項工作的進度，目前的進度使用 0~1.0 之間的浮點數來表示，0 代表尚未開始，1.0 代表進度完成。

元件名稱：頁面控制 (Page Control)

類別：UIPageControl

圖示說明：

使用時機：顯示目前在第幾頁。

使用說明：頁面控制 (Page control) 用灰色小圓點來顯示目前程式中的頁面有多少頁，並且將目前頁面使用白色的小圓點來表示，當使用者點選頁面控制時，頁面控制可以通知程式目前頁面控制的狀態有更新，而程式則是在收到頁面控制的通知後，再向頁面控制查詢目前的狀態來決定該顯示哪一個頁面。

3.1.4 常用視窗、視圖、橫列（Windows、Views & Bars）

元件名稱：視圖 (View)

類別：UIView

圖示說明：無

使用時機：當程式畫面沒有合適的畫面元件可以使用時，UIView 可以做為這個區域的基礎元件，然後再將其他的畫面元件放入 UIView 中組合成較複雜的畫面元件。UIView 同時也提供了實作多點觸控的基礎。

使用說明：視圖 (View) 是最基本畫面元件，在 iOS 中，所有以 View 結尾的畫面元件都是這個元件的子孫。視圖代表畫面上的一個矩形的區域，主要用來「繪製畫面」和「接收發生於該區域的訊息」。

元件名稱：導覽列 (Navigation Bar)

類別：UINavigationBar

圖示說明：下面是一些導覽列的範例：

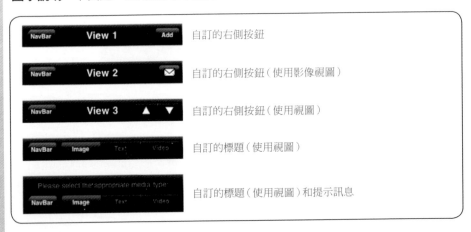

使用時機：提供頁面導覽的功能。

使用說明：導覽列 (Navigation bar) 使用堆疊來管理導覽按鈕 (navigation item)，在預設的情況下，導覽列在最左邊會放置一個回到上一個狀態的按鈕而中間放置標題。在一般的使用情況下，導覽列會和導覽控制器一起使用並由導覽控制器來管理，所以程式並不會直接去控制導覽列相關的行為。

元件名稱：視窗 (Window)

類別：UIWindow

圖示說明：無

使用時機：負責分派系統的訊息及顯示畫面。

使用說明：視窗 (Windows) 指是一個顯示的區域，主要是用來「顯示視圖」和「分派系統的訊息」。

元件名稱：導覽鈕 (Navigation Item)

類別：UINavigationItem

圖示說明：無

使用時機：封裝頁面導覽所需的資訊。

使用說明：導覽按鈕 (Navigation item) 將推入 (push) 導覽列堆疊中的頁面導覽所需的資訊封裝起來，這些資訊包含了「需要顯示的資訊」、「是否位於堆疊的最上層」等等和頁面導覽相關的資訊。

元件名稱：工具列 (Toolbar)

類別：UIToolBar

圖示說明：在右邊影像中最下方的區塊就是工具列的範例：

使用時機：提供工具列介面。

使用說明：工具列 (Toolbar) 提供一個讓我們可以放置一些工具列按鈕的面版，使用者可以依自己的需求點選自己需要的工具。在圖示下方的即為工具列。

元件名稱：工具列按鈕 (Bar Button Item)

類別：UIBarButtonItem

圖示說明：下面即是使用系統按鈕時會出現的圖案的例子：

使用時機：置於工具列介面或是導覽列中，提供使用者一些工具選項。

使用說明：bar 按鈕 (Bar button item) 可以置於工具列或是導覽列中，除了一般按鈕擁有的功能外，工具列按鈕還可以直接使用系統內建的圖示做為按鈕樣式，若系統內建的樣式剛好符合程式需求，使用內建的按鈕可以省去如多國翻譯、圖示製作等等的工作。

元件名稱：頁籤列 (Tab Bar)

類別：UITabBar

圖示說明：無

使用時機：將程式分成許多頁面，每個頁面都是獨立的視圖控制器可以擁有不同的功能。

使用說明：頁籤列 (Tab bar) 在畫面的下方提供許多頁籤來讓使用者切換程式的畫面。此外頁籤列並不允許使用者修改顏色、字型、高度等設定。一般來說，頁籤列會配合頁籤控制器一起使用。

元件名稱：頁籤 (Tab Bar Item)

類別：UITabBarItem

圖示說明：無

使用時機：放入頁籤列中，讓使用者點選來切換視圖控制器。

使用說明：頁籤 (Tab bar item) 表示頁籤列的其中一頁，每個頁籤都能設定自己的標題、圖示等設定。

3.2 小結

在這一章中介紹了許多和使用者介面相關的元件，對於初學者來說，這麼多的元件相信會讓大家手忙腳亂，但是請不用擔心，設計人員可以利用 Apple 提供的使用者介面開發工具 Interface Builder 來協助我們使用這些元件，只要幾個簡單的步驟就能做出相當不錯的使用者介面，而程式設計人員真正需要做的事，就是要了解在什麼時候，什麼情況下該使用什麼元件，其他事只要在 Interface Builder 中勾選，就能完成相當程度的元件設定，在接下來幾個章節裏，將更進一步地介紹如何使用這些好用的工具來打造一個友善的使用者介面。

3.3 習題

1. 請說明視圖和視點控制器之間的關係。

2. 請舉出一種常會用來包含其他視圖控制器的元件。

3. 請舉出一個捲軸視圖 (Scroll view) 的使用實例。

4. 請說明活動指示 (UIActivityIndicatorView) 和進度顯示 (UIProgressView) 在使用上該如何選擇。

5. 若我們想開發一個相片瀏覽程式，該用何種內建的物件較為合適？

Chapter 4
牛刀小試：
一個簡單的整合型範例介紹

本章學習目標：

1. 經由這個範例來認識如何利用 Xcode 和 Interface Builder 建立基本的使用者互動。

Learn more▸

Written by 黃弘毅

在這個章節裡，我們將會建立一個如圖 4-1 所示的拼圖遊戲開頭畫面。從這個製作過程中，我們將會學到：

- 如何利用 Interface Builder 加入客製化的圖片。

- 如何利用 Interface Builder 製作客製化的按鈕。

- 如何利用 Xcode 以及 Interface Builder 製作基本的按鈕互動機制。

■ 圖 4-1

4.1 利用Interface Builder加入客製化的圖片

在對 Xcode 和 Interface Builder 有了基本的認識之後，接下來，我們將會慢慢進入比較有趣的例子。在這個小節中將利用 Interface Builder 來加入一個遊戲開頭畫面的背景圖。這是一個非常基本的技巧，而且在每個 iPhone 遊戲或應用程式中，一定都會遇到的課題。

4.1.1 建立一個Xcode專案

在 Hello World 的範例中我們已經看過如何建立一個 Xcode 專案，不過在此再複習一次。

從 Xcode 中，選擇「File > New > New Project」來新增專案，如圖 4-2 所示。

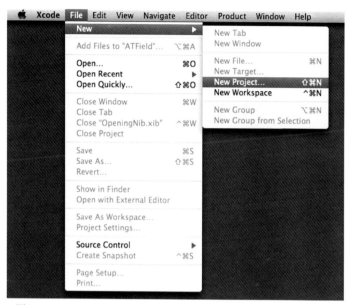

■ 圖 4-2

在緊接著出現的樣板選擇畫面中，左邊的 iOS 部份選擇 Application (應用程式)，接著
在右邊的部份選擇 Window-based Application (視窗應用程式)。

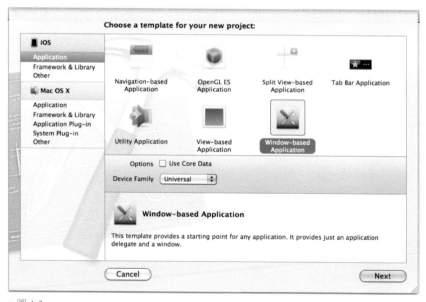

■ 圖 4-3

接著輸入專案名稱（其實也是這個專案的檔名）以及公司識別名稱（Company Identifier）。雖然沒有強制性，但是一般公司識別名稱會以 .com 或 .net 這種類似網址的名稱來命名。這並不一定要對應到真正的公司或個人的網址，只要是一個可以用來做識別的名稱都可以。舉例來說，例如王小明是個個人工作者而且沒有自己的網頁，他依然可以在 Company Identifier 這個欄位輸入類似 ming.com 或 wangstudio.net 這樣的名稱當作識別名，如圖 4-4 所示。

■ 圖 4-4

接著選擇存檔地點，如圖 4-5 所示。

■ 圖 4-5

存檔後，我們就可以看到所建立的專案：

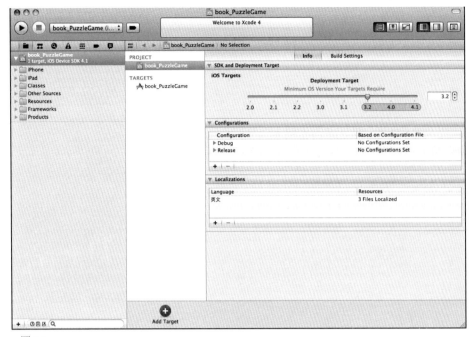

■ 圖 4-6

4.1.2 利用Interface Builder建立一個遊戲開頭畫面

專案建立後，接著我們將利用Interface Builder來製作遊戲的開頭畫面，步驟如下：

選擇「File > New > New File」來新增檔案，如圖 4-7 所示。

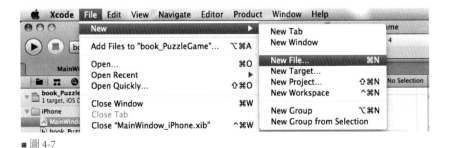

■ 圖 4-7

接著在左邊的 iOS 部份選擇 User Interface (使用者介面)，然後在右邊的部份選擇 View (視窗)；下面 Device Family (裝置家族) 部份選 iPhone，如圖 4-8 所示。

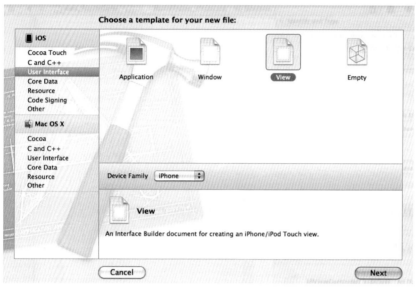

■ 圖 4-8

按 Next (下一步) 之後，選擇檔案儲存的位置。因為是 iPhone 的專案，因此我們把檔案存在 iPhone 資料夾裡。附帶一提的是，和一般的程式檔不同 (.h 或 .m)，Interface Builder 所建立的檔案，都是以 .xib 為副檔名。在這個例子中，我們將這個新建立的使用者介面檔取名為 OpeningView.xib。

■ 圖 4-9

新建立的空白OpeningView.xib 如圖 4-10 所示。至此，我們初步的專案設定算是告一段落，接下來的小節我們將開始為這個專案加入一些有趣的畫面。

■ 圖 4-10

4.1.3 加入背景圖

在 Xcode 中，選擇「File > Add Files to "專案名稱"」(圖 4-11)，接著就會開啟檔案選取畫面，找到我們要當背景圖的圖檔所在位置，然後按 Add (圖 4-12)。

■ 圖 4-11

■ 圖 4-12

以下的步驟雖然不是很必要，但是為了保持專案裡面檔案的規則與條理，一般我們會將檔案稍微做整理，以剛加進來的背景圖 opening.jpg 為例，放在 iPhone 群組 (Group) 裡面雖然沒有不好，但是如果程式檔、介面檔和圖檔都散落在同一個群組之下的話，等專案變大、變複雜的時候，就會面臨很難找到檔案的問題。因此，在一切變複雜之前，我們最好還是先把 iPhone 群組裡面的東西稍做整理。

首先，在 iPhone 群組上按右鍵，然後選 New Group (新群組) 如圖 4-13 所示。新群組將會建立在 iPhone 群組底下，滑鼠單點剛建立的新群組以進入檔名修改模式 (請點在資料夾圖示右邊的名稱上面，點在資料夾圖示上的話將無法進入檔名修改模式)，這邊我們將這個群組取名為「images」，如圖 4-14。接著，把剛加進來的 opening.jpg 拖進 images 裡 (圖 4-15)。

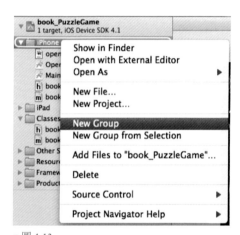

■ 圖 4-13

■ 圖 4-14

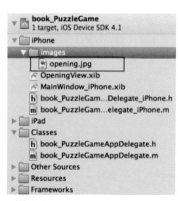

■ 圖 4-15

我們也為介面檔建立一個「XIB」群組，並且將目前所有的 .xib 拖進該群組裡面，如圖
4-16 所示。

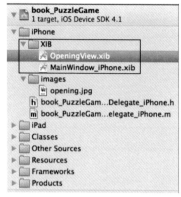

■ 圖 4-16

接著，把剛剛加進來的背景圖 (opening.jpg) 放到 OpeningView 介面檔上面。首先，先
確認 OpeningView.xib 是呈現被選取的狀態，然後在畫面右半部元件表列的地方選取
Object Library (圖 4-17)，如果這時候您的畫面沒有右半部的元件表列，請點選「Hide
or show: Navigator, Utility」按鈕 (圖 4-18)。

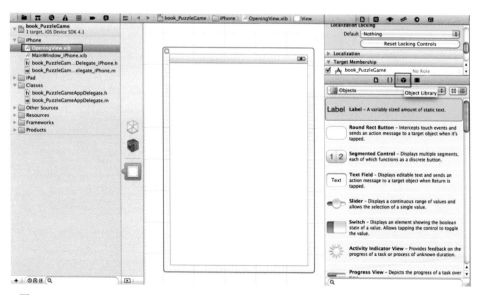

■ 圖 4-17

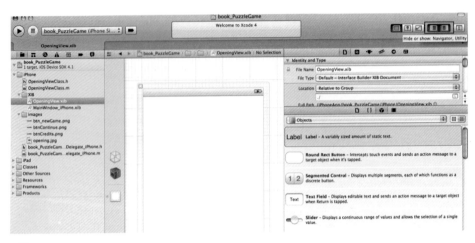

■ 圖 4-18

打開 Object Library 之後，往下捲動，一直到找到 Image View 為止，找到之後將 Image View 接拖拉到 OpeningView 介面檔上面，直到 Image View 元件充滿整個畫面之後再放開滑鼠，如圖 4-19。這個時候，其實我們已經為 OpeningView 這個介面檔加上了一個 Image View 元件了。

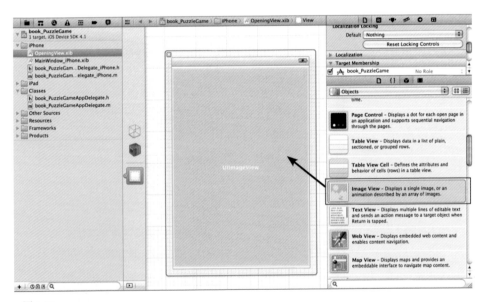

■ 圖 4-19

這個新加上來的 Image View，就是為了放背景圖用的，因此剩下的步驟就是把背景圖 (opening.jpg) 加進這個 Image View 裡面。當 Image View 在被選取狀態下，在右半邊選取 Object Attributes (圖 4-20)，接著，在 Image 的項目下，輸入背景圖的檔名：opening.jpg 或點選一下右邊的箭頭選取裡面唯一的檔案 (圖 4-21)。輸入完畢或選好檔名之後，可以看到 OpeningView 介面檔馬上出現所選的背景圖，如圖 4-22 所示，至此，我們為介面檔加入背景圖的工作算是告一段落了。

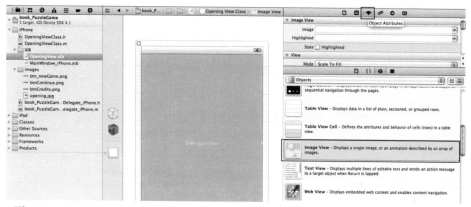

■ 圖 4-20

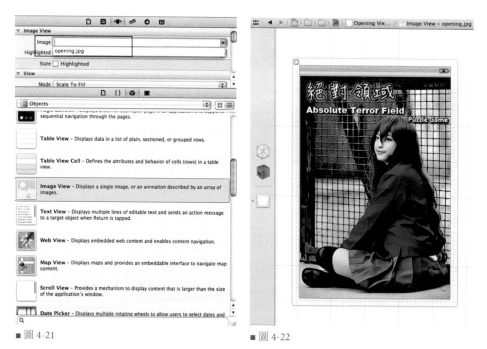

■ 圖 4-21

■ 圖 4-22

其實光靠介面檔是無法在 iPhone 上正常運作的，每一個介面檔，都必須要有一個相對應的類別檔才行。在接下來的小節裡，將為這個剛建立的 OpeningView 介面檔建立一個對應的類別檔 (.h and .m 檔)。

4.1.4 建立類別檔

介面檔建立完成之後，接下來的工作就是為這個介面檔建立一個相對應的類別 (class)。在 iPhone 群組為被選取狀態的情況下選擇「 File > New > New File」。接著在畫面左半邊 iOS 項目底下選擇 Cocoa Touch，在右邊樣板選項中 (Choose a template for your new file) 選擇 Objective-C class，然後子類別 (subclass) 的地方選擇 UIView，如圖 4-23。

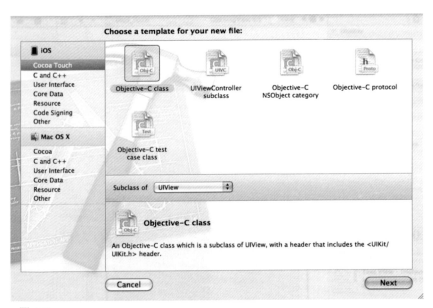

■ 圖 4-23

按下 New (新增) 之後，會出現存檔視窗，我們為這個類別取名做 OpeningViewClass，其他一切保留預設值，按下 Save 之後，新建立的類別檔就會出現在 iPhone 群組底下，如圖 4-24。

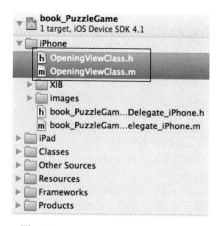

■ 圖 4-24

點選 OpeningViewClass.h，在 **@interface OpeningViewClass : UIView { }** 這個程式區塊底下輸入以下的程式碼：

```
IBOutlet UIImageView *backgroundImageView;
```

這個程式包含三個主要關鍵字：IBOutlet、UIImageView以及*backgroundImageView。IBOutlet這個關鍵字主要是用來設定與InterfaceBuilder之間的連結，在下面的文章中我們將會看到如何做這樣的連結。UIImageView則是一個常用的UI元件，主要是用來放圖片用的，這個元件就是對應於在4.1.3所加入的 Image View；而*backgroundImageView則是我們為UIImageView這個元件所取的名字。需留意是，在UIImageView 這個名字的後面加了一個 *，這是必要的，因為根據Objective C的語法，一般「UI」開頭或「NS」開頭的元件，都必須要在元件的後面加上 *。所以整個 .h 檔的程式碼應該會是像這樣：

```
#import <UIKit/UIKit.h>

@interface OpeningViewClass : UIView {
    IBOutlet UIImageView* backgroundImageView;

}
@end
```

由於只是元件的宣告，因此這邊我們只會動到 .h 檔案。一般來說，.h 檔其實就是一個宣告檔而已，並不會包含程式邏輯的運作在裡面，真正程式邏輯的運作，一般都是寫在 .m 檔案裡。

4.1.5 建立類別檔與介面檔之間的關聯

接下來的動作就是把介面檔 (OpeningView.xib) 以及類別檔 (OpeningViewClass) 做連結。首先先選取介面檔，接著在 Xcode 畫面的中間選取 View (如圖 4-25)，然後在右半邊的部份點選 Identity (如圖 4-26)，最後在 Class 的欄位上輸入我們剛剛做好的類別檔檔名：OpeningViewClass (如圖 4-27)，這樣便為介面檔和類別檔建立了關聯。

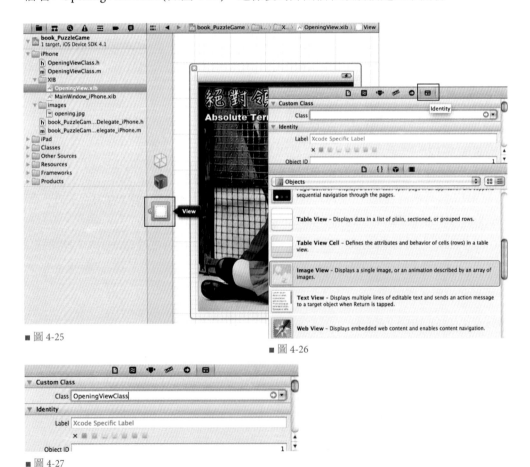

■ 圖 4-25

■ 圖 4-26

■ 圖 4-27

檔案的連結建立之後，類別裡面宣告的元件 (UIImageView *backgroundImageView)，也必須和介面檔裡面的元件 (背景圖) 做連結。

首先，在Xcode 的右半邊，從原本的 Identity 切換到 Connections；由於我們之前在類別檔裡面，在 UIImageView *backgroundImageView 這個元件的前面加了IBOutlet這個關鍵字，再加上檔案之間的關聯已經建立，因此在切換到Connections之後，我們可以看到一個Outlets的區塊，裡面正好有一個backgroundImageView元件，如圖 4-28 所示 (如果沒有的話，可能是其中有什麼地方做錯，請回到這小節最前面的步驟再試一次)。最後，按住 backgroundImageView 右邊的小圈圈，然後一路拖到介面檔上面的背景圖，如圖 4-29 。如此便為類別檔上宣告的backgroundImageView以及介面檔上面的背景圖建立了彼此的關聯。

■ 圖 4-28

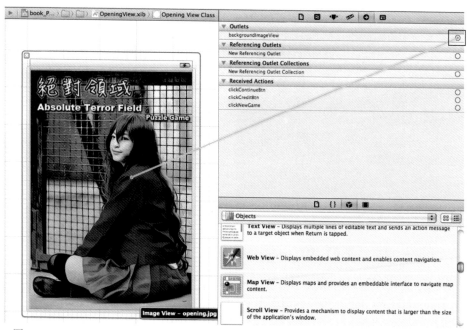

■ 圖 4-29

4.2 利用 Interface Builder 加入客製化的按鈕

在接下來的部份，將會在介面檔 (OpeningView.xib) 和類別檔 (OpeningViewClass) 上面加上三個按鈕，分別是 New Game (新遊戲)、Continue (繼續上次的進度) 以及 Credits (製作人員名單)。而按下按鈕之後會發生的事件將在 4-3 加進來。在這個小節裡，我們先專注於如何利用 Interface Builder 把客製化的按鈕加進介面檔裡、如何在類別檔新增三個相對應的按鈕元件、以及如何建立他們彼此之間的關聯。

4.2.1 在介面檔上面加入客製化的按鈕

在開始之前，先利用在 4.1.3 加入背景圖的方式，將三張客製化的按鈕圖檔加進來並放到「images」群組下面，如圖 4-30 (註：在這個範例中，每張圖的寬高皆為 300 x 35)。

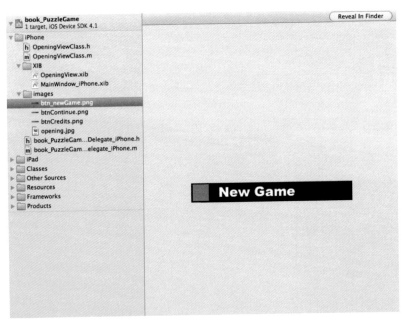

■ 圖 4-30

接著，在左邊的檔案表列上點選 OpeningView.xib 介面檔，然後在畫面右邊下半部的元件庫樣板上，點選 Object Library (圖 4-31)，往上捲動，一直到找到 Round Rect Button 為止。將 Round Rect Button 拖拉到畫面上，如圖 4-32。

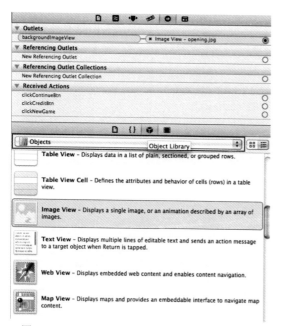

■ 圖 4-31

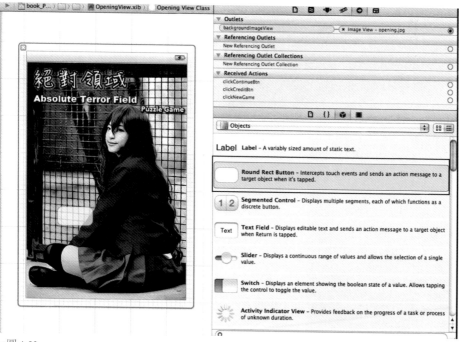

■ 圖 4-32

點選右半邊上半部的「Size」(尺寸)，然後在 Width (寬)，和 Height (高) 的地方輸入這個按鈕圖檔的寬和高，分別是 300(寬) 和 35 (高) (圖 4-33)。

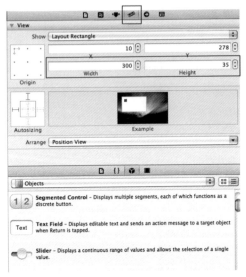

■ 圖 4-33

接著按左邊的「Object Attribute」(物件屬性)，在 Type (種類) 的地方選 Custom (客製)，然後在 Background 的地方點一下右邊的下拉式按鈕，選 btn_newGame.png，這樣便大功告成了 (圖 4-34)。如果按鈕的位置有點跑掉的話，再把它調到適當的位置。

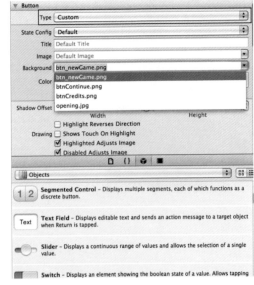

■ 圖 4-34

依照上面的步驟，把Continue (繼續上次的進度) 以及 Credits (製作人員名單) 的按鈕
也加進來，如圖 4-35。這樣我們在介面檔上面加按鈕的工作也就告一段落了。

■ 圖 4-35

4.2.2 在類別檔上面加入按鈕元件

在介面檔 OpeningView.xib 加完客製化的按鈕之後，接下來的工作就是要在它相對應的
類別檔 OpeningViewClass 上面宣告對應的按鈕元件；這個動作其實非常簡單。首先，
先點 OpeningViewClass.h，接著宣告三個 IBOutlet 的 UIButton，像這樣：

```
IBOutlet UIButton* newGameBtn;
IBOutlet UIButton* continueBtn;
IBOutlet UIButton* creditBtn;
```

所以整個 OpeningViewClass.h 就會像這樣：

```
#import <UIKit/UIKit.h>
@interface OpeningViewClass : UIView {
    IBOutlet UIImageView* backgroundImageView;
```

```
    IBOutlet UIButton* newGameBtn;
    IBOutlet UIButton* continueBtn;
    IBOutlet UIButton* creditBtn;

}

@end
```

如同前面所提到到的，由於只是按鈕元件的宣告，所以只會動到 .h 檔，而不會更改到 .m 檔。

4.2.3 連結介面檔上面的按鈕與類別檔上面的按鈕元件

介面檔上面的客製化按鈕以及類別檔上面的按鈕元件都準備好之後，接下來就是為彼此之間建立連結。回想一下在 4.1.5 學到的為背景圖建立連結的方法，其實跟建立按鈕連結的方式幾乎是一模一樣的。首先，先點選 OpeningView.xib，接著，在右半邊上方點選 Connections (圖 4-36)。

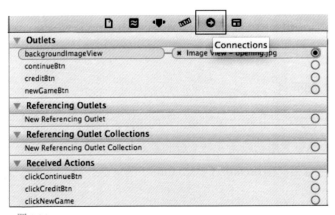

■ 圖 4-36

由於前一個小節裡，我們在 OpeningViewClass.h 定義了 newGameBtn、continueBtn 以及 creditBtn 三個按鈕，因此這時在 Connections 的 Outlets 底下就可以看到這三個元件，如圖 4-37 所示。

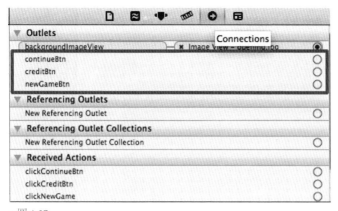

■ 圖 4-37

點住 newGameBtn 右邊的圈圈，然後一路拖拉到介面檔的 New Game 按鈕上，當 New Game 按鈕呈現反白狀態時，代表所選的元件彼此之間是可以建立關聯的（圖 4-38），此時就可以放開滑鼠，而當滑鼠放開時，彼此之間的關聯也同時建立了。檢視一下 Connections 底下的 Outlets，可以發現 newGameBtn 和介面檔上的 Button 關係已經建立起來，如圖 4-39。

■ 圖 4-38

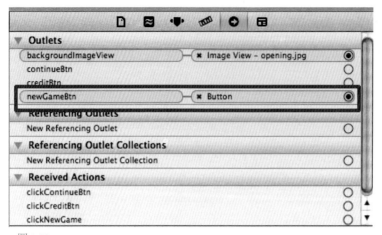

■ 圖 4-39

依照同樣的方式為 continueBtn 以及 creditBtn 建立起關聯，最後 Connections 底下的關係會如圖 4-40 所示。到這邊，可以說已經完成所有元件關聯的建立了。

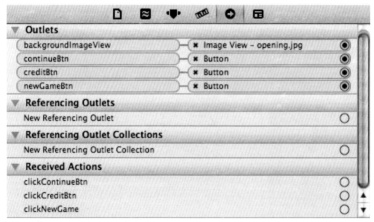

■ 圖 4-40

接下來，我們將為三個按鈕分別加上一個非常簡單的互動，也就是按下去之後會跳出一個視窗，告訴使用者哪一個按鈕被按到。

4.3 利用Xcode和Interface Builder製作基本的按鈕互動機制

按鈕的互動其實是最基本，同時也是最重要的功能，幾乎沒有一個應用程式沒有按鈕互動，因此在接下來的這一小節裡，我們將介紹如何為已經建立好的三個按鈕分別加上一個基本的互動。我們要做的是，當按鈕被按下去之後，會跳出一個提示視窗，告訴使用者哪一個按鈕被按到。

4.3.1 在類別檔上面宣告與定義動作（Action）

要做一個按鈕的基本互動，我們必需完成三件事：

> 1. 在 .h 定義檔上面定義按鈕的動作 (Action)。
>
> 2. 在 .m 檔上面描述按鈕按下去之後要執行的事。
>
> 3. 連結介面檔 (OpeningView.xib) 上面的按鈕與 .h 檔上面所定義的動作。

首先先來看一下如何在 .h 檔上面定義按鈕的動作。

在 @end 這個字的上方加上以下的三行程式碼：

```
-(IBAction)clickNewGame;
-(IBAction)clickContinueBtn;
-(IBAction)clickCreditBtn;
```

從名稱可以看得出來，clickNewGame 這個動作 (Action) 是給 New Game 按鈕用的，clickContinueBtn 是給 Continue 的，而 clickCreditBtn 則是為 Credits 這個按鈕設計的。每個動作 (Action) 前面 的 (IBAction) 關鍵字則是為了讓 Interface Builder 知道，這些動作可以用來跟介面檔上面的按鈕進行關聯。整個 OpeningViewClass.h 檔看起來應該是像這樣子：

```
#import <UIKit/UIKit.h>


@interface OpeningViewClass : UIView {
  IBOutlet UIImageView* backgroundImageView;
  IBOutlet UIButton* newGameBtn;
  IBOutlet UIButton* continueBtn;
  IBOutlet UIButton* creditBtn;
```

```
}
-(IBAction)clickNewGame;
-(IBAction)clickContinueBtn;
-(IBAction)clickCreditBtn;

@end
```

定義好 .h 檔之後，接下來就要進入 .m 檔的寫作了。像剛才我們在 .h 檔裡面加動作的
做法一樣，在 .m 檔程式最後面 @end 的上方，加上下面的程式碼：

```
-(IBAction)clickNewGame
{
}
-(IBAction)clickContinueBtn
{
}
-(IBAction)clickCreditBtn
{
}
```

這三個動作的名稱跟我們在 .h 檔裡面定義的是完全一模一樣的，唯一的不同之處是這
邊在動作名稱後面接的是 {}，而不是 ;。因為 .m 檔是程式主要邏輯寫作的地方，因此
會把按鈕按下去之後發生的事，寫在 {} 裡面。

以 ClickNewGame 這個動作來說，當 New Game 按鈕按下之後，我們希望能跳出一個提
示視窗，告訴使用者剛剛按下的按鈕是 New Game，因此在 -(IBAction)clickNewGame
這個動作的 {} 裡面，加上以下的程式碼：

```
UIAlertView *alertView = [[UIAlertView alloc] initWithTitle:@"New Game" message:@"New Game
is clicked" delegate:nil cancelButtonTitle:@"OK" otherButtonTitles:nil];

[alertView show];
[alertView release];
```

程式碼的說明如下：

程(1)
```
UIAlertView *alertView
```

UIAlertView是一個Cocoa Touch的介面元件，我們為他建立一個名稱叫做alertView的實體 (instace)。

程(2)

[UIAlertView alloc]

建立一個 UIAlertView 實體，並為其保留一個記憶體的位置。

程(3)

initWithTitle:@"New Game" message:@"New Game is clicked" delegate:nil cancelButtonTitle:@"OK" otherButtonTitles:nil

這段程式其實是制定 UIAlertView 這個元件初始化的方式。整段程式可以解釋成：我們希望 UIAlertView 初始化的時候，標題 (Title) 是顯示：New Game (initWithTitle:@"New Game")，而裡面的訊息 (message) 是顯示：New Game is clicked (message:@"New Game is clicked")。

我們不處理任何的delegate，因此在這裡我們給與一個nil (空) 值 (delegate:nil) (關於delegate我們會在後面章節作更詳細的說明，在此我們先略過，直接帶入空值就好)。取消按鈕 (Cancel) 上面顯示的字是OK (cancelButtonTitle:@"OK")，除此之外沒有其他的按鈕 (otherButtonTitles:nil)。

程(4)

[alertView show]

指的是把 UIAlertView 這個元件的實體 alertView 顯示在畫面上。

程(5)

[alertView release] 則是把 alertView 所佔用的記憶體釋放出來。

稍微修改一下UIAlertView的內容，就可以把它也用在其他兩個按鈕上了 (Continue、Credits)：

給 -(IBAction)clickContinueBtn動作使用的，我們做以下的修改：

initWithTitle:@"New Game"　改成　initWithTitle: @"Continue"　。

message:@"New Game is clicked"　改成　message:@" Continue is clicked"　。

其他保持不變。

給 -(IBAction) clickCreditBtn 動作用的修改如下：

initWithTitle:@"New Game" 改成 initWithTitle: @"Credits" 。

message:@"New Game is clicked" 改成 message:@"Credits is clicked" 。

所以整個 @end 上面的程式看起來會是這樣：

```
-(IBAction)clickNewGame
{
UIAlertView *alertView = [[UIAlertView alloc] initWithTitle:@"New Game" message:@"New Game
is clicked" delegate:nil cancelButtonTitle:@"OK" otherButtonTitles:nil];

[alertView show];
[alertView release];


}


-(IBAction)clickContinueBtn
{
UIAlertView *alertView = [[UIAlertView alloc] initWithTitle:@"Continue" message:@"Continue is
clicked" delegate:nil cancelButtonTitle:@"OK" otherButtonTitles:nil];

[alertView show];
[alertView release];

}

-(IBAction)clickCreditBtn
{
UIAlertView *alertView = [[UIAlertView alloc] initWithTitle:@"Credits" message:@"Credits is
clicked" delegate:nil cancelButtonTitle:@"OK" otherButtonTitles:nil];

[alertView show];
[alertView release];
}
```

4.3.2 連結介面檔上面的按鈕與類別檔上面的動作（Action）

在 .h 檔定義好按鈕的動作，加上在 .m 檔上描述按鈕按下去要執行的事之後，我們接下來要做的事就是把按鈕和動作連接起來。首先，先點選 OpeningView.xib 確認 OpeningView.xib 為選取的狀態；接著，在畫面右半邊上方點選 Connections，如 4.2.3 小節的圖 4-36 所示。

在 Connections 視窗下面 Received Actions（接收的動作）區塊，我們可以看到之前定義的三個按鈕動作，分別是 clickNewGame，clickContinueBtn 以及 clickCreditBtn，如圖 4-41 所示。

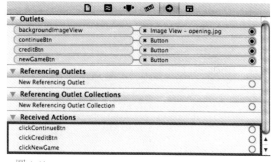

■ 圖 4-41

按住 clickNewGame 右邊的小點，然後一路拖拉到畫面上的 New Game 按鈕上 (圖 4-42)，放開滑鼠之後，我們可以看到在按鈕旁邊會出現一個選單，裡面列滿了觸發按鈕動作的時機，如圖 4-43 所示。在此，我們選擇 Touch Up Inside，也就是當按下按鈕後，手指離開的那一瞬間來觸發定義的動作。

■ 圖 4-42

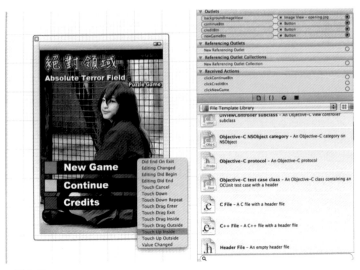

■ 圖 4-43

從 Connections 的視窗裡，可以看到按鈕與動作的關聯已經被建立，如圖 4-44 所示。

重複同樣的動作，為 Continue 和 clickContinueBtn 按鈕建立關聯，也為 clickCreditBtn 與 Credits 建立連結。當所有連結都建立好之後，Connections 視窗底下的關係會如圖 4-45 所示。

至此，我們已經完成了一個非常基本，但是卻含有互動性的簡單 app。最後，讓我們來看一下這個簡單的程式跑起來會是什麼樣子：在畫面上方的選單上選取 Product，然後選取第一個選項 Run（執行），這時 iPhone 模擬器會被開啟，而到目前

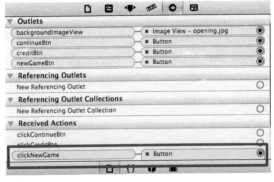

■ 圖 4-44

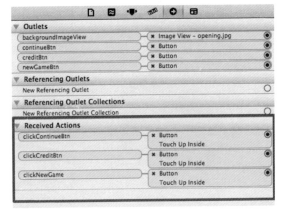

■ 圖 4-45

為止辛苦的成果都會呈現在模擬器裡。

按一下New Game按鈕，會看到一個訊息視窗跳出來，如圖 4-46。雖然只是很簡單的訊息，但是這章我們所學到的基本功夫，在未來開發程式的過程中將會十分受用。

■ 圖 4-46

4.4 小結

這一章使用了一個簡單的範例來介紹如何設計使用者介面，在這個範例中我們學會了如何為畫面加入一個元件、如何接收使用者的訊息和如何回應使用者訊息等等平常製作 UI 時一定會遇到的工作，至於這一章提到的 Outlet 和 Action，這和平常到 outlet shopping 是沒有關係的，一開始如果會搞不清楚的話，可以將 outlet 想像成是賣場的某個東西，因此它代表的是一個物件，而 action 則是去做某件事，所以它代表的是一個動作、執行某個方法，兩者都是在 iOS 中製作 UI 非懂不可的觀念，接下來的章節我們將會更進一步地為各位介紹這些開發 iOS 程式所需要的基本概念。

4.5 習題

請在本張範例最後，加入第四個按鈕，按鈕的功能為按一下之後改變背景圖。

提示：

1. 先加入一張 320x460 的背景圖以及一張給按鈕用的圖。

2. 利用本章節所介紹的方式加入按鈕以及動作，並且建立連結。

3. 在 .h 檔的地方宣告一個整數型參數，例如 int backgroundImageIndex。

4. 在 .m 檔裡面，我們可以發現有一段程式被 /* 符號註解掉：

```
- (void)drawRect:(CGRect)rect {
  // Drawing code
}
```

5. 刪掉「/*」以及「*/」符號來啟動這段程式，並且在裡面將 backgroundImageIndex 預設值設成 0。

置換底圖的話，可以利用下面的方式：

```
backgroundImageView.image =[UIImage imageNamed:@"第二張底圖檔名.jpg"];
```

Chapter 5
Objective-C 基本觀念介紹

本章學習目標：

1. 了解 MVC (模型 Model/ 介面 View/ 控制器 Controller) 程式設計架構.
2. 了解 Target-Action 程式設計架構
3. 了解 Objective-C 的基本概念

這個章節主要會集中在觀念的介紹，包括 iPhone 程式架構裡面最重要 MVC 以及 Target-Action，接著我們也會用一半的篇幅來介紹 Objective-C 的基本概念，主要的目的是讓您能夠看懂和理解前面以及接下來會遇到的範例程式。當您看不懂範例裡的程式寫法時，可以回來參考章節裡面 Objective-C 基本觀念介紹。

Learn more▸

Written by 黃弘毅

5.1 MVC 程式架構

MVC 指的是一種程式設計架構，架構的組成包括**模型** (Model)、**介面** (View) 以及**控制器** (Controller) 三個模組。在 iPhone 程式設計中，MVC 是 Apple 官方建議，也是官方開發工具 Xcode 預設的程式架構。為了避免開發人員產生千奇百怪的架構並進一步避免錯誤的發生，Xcode 的開發流程其實會在不知不覺中把開發者導入 MVC 架構裡。此外，如果開發者選擇用 Interface Builder 來建置使用者介面，Apple 也會讓開發者不知不覺走進 Target-Action 的世界。

5.1.1 淺談 MVC

iPhone 應用程式開發主要就是採用 MVC 架構。除了 iPhone 程式設計，在其它程式語言 (例如 Java) 也經常會聽見別人提起 MVC。但是什麼是 MVC 呢？對剛開始接觸程式設計這門學問的人來說，MVC 無異是火星文。而且就算知道 MVC 是怎麼解釋的軟體工程師，在寫程式的時候也不見得真的會遵照這個架構來寫。

聽起來，似乎是一門「知難行難」學問。但事實上真有那麼難嗎？其實不然。以下，讓我們先來初步瞭解一下什麼是 MVC，緊接著再利用日常生活中經常會遇到的狀況，來看看隱身在我們身邊的 MVC 案例。

在程式設計中，MVC 指的是一種架構，也就是把一個複雜的應用程式分割成**模型** (Model)、**介面** (View) 以及**控制器** (Controller) 三個模組。三個模組各司其職，其中模型只負責資料的儲存與管理，介面只負責呈現使用者會看到的畫面，而控制器則是模型與介面的溝通橋梁，負責從模型中取出資料，然後再將資料送給介面去呈現。關係如下圖所示：

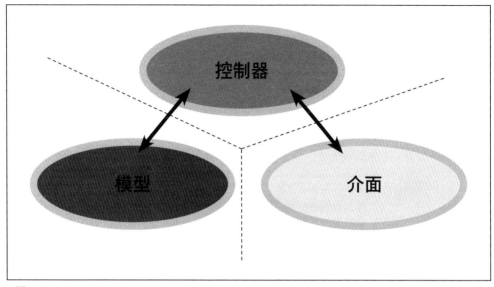

■ 圖 5-1

讓我們來看一個真實案例以加深印象。

圖 5-2 所顯示的是 iPhone 裡面 iPod 的播放列表：

■ 圖 5-2

簡單的播放列表，其實就暗藏了模型、介面與控制器。如圖5-3所示：

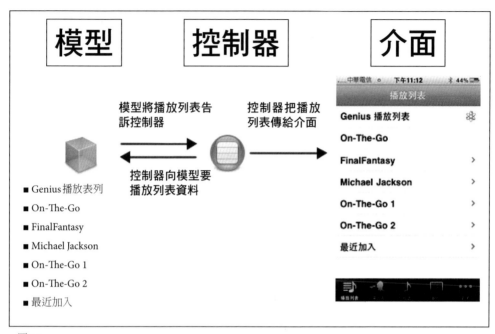

■ 圖5-3

圖5-3中，最左邊的正方體代表的是模型，也就是存有播放列表的地方。中間的圓形球體代表的是控制器，而最右邊的則是顯示出來的介面。在播放列表這個畫面呈現出來之前，其實是由控制器先去向模型要播放列表的資料，模型將資料告訴控制器之後，再由控制器送到介面呈現出來。

事實上，走出程式的世界，MVC這個架構也隱身在我們的日常生活當中。

圖5-4顯示的是一般消費者透過大賣場購得商品的流程。如果把整個消費鏈利用MVC架構來檢視，會發現其實大賣場的角色很類似控制器，一般消費者類似介面，而各種商品供應商則相當類似模型。消費者透過大賣場購得所需要的各種商品，不需要跑去跟各個不同商品供應商購買(這樣消費者會變得很辛苦，也要跑很多地方)。

消費者也不需要跟各個不同供應商談價格。這些蒐集商品和談定價格的事，都由大賣場處理；消費者只負責到大賣場消費就好。而供應商也不用管商品最終要賣給哪一個

人，他們只負責管理好自己的貨物，確認大賣場來取貨時，有東西給人家就好。價格和拆帳事宜也都直接和大賣場敲定，不需要和個別消費者討價還價。

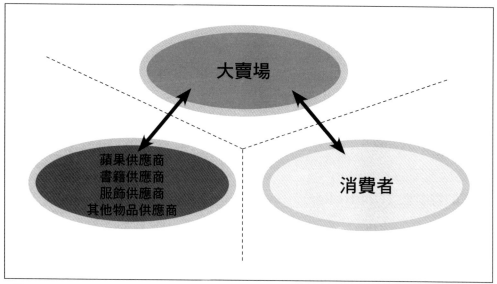

大賣場

蘋果供應商
書籍供應商
服飾供應商
其他物品供應商

消費者

■ 圖 5-4

接下來，讓我們再分別來看模型、介面與控制器，以及他們的職責。

5.1.2 模型（Model）

如同上一個小節所提到的，模型在應用程式中，主要是負責資料的管理。完全不需理會使用者介面如何呈現，甚至在某些情況下，同一個模型不用經過修改就可以用於不同的使用者介面當中。往後，當我們真正進入程式寫作階段時，如果發現在呈現介面的程式裡還包含了資料管理的邏輯時，其實就是破壞了 MVC 架構。這將會造成日後整個應用程式難以維護和修改。

一般來說，模型只允許控制器做資料的修改與存取，當模型資料有變動時，一般也只通知控制器。至於模型與控制器兩者相互通知的機制，將在第 14 章中做更詳細的說明。

5.1.3 介面（View）

介面的主要職責是把存在於模型裡的資料呈現在使用者面前，也就是我們一般看到的 iPhone 應用程式畫面。使用者可以透過介面來操控 (例如瀏覽、新增或修改) 資料。但是一般來說，介面並不儲存任何資料或是直接對資料進行修改或存取，而是在接收到使用者的操作指令之後，把指令告訴控制器，再經由控制器將模型裡的資料取回。

這樣的架構可以讓介面完全獨立於程式邏輯與資料之外，當遇到畫面的修改需求時，不至於因為更改畫面而影響到程式運作邏輯。再者，如果寫得好，同一個介面也可以用在不同的應用程式，節省很多開發時間。

5.1.4 控制器（Controller）

應用程式的主要邏輯其實大多都發生在控制器裡，主要工作就是擔任模型與介面的媒介。當使用者對 iPhone 應用程式進行操作時，雖然使用者看到的是對介面進行操控，但其實在程式內部，是介面將接收到的指令傳給控制器，控制器在內部經過運算或邏輯判斷之後，再決定到某個特定的模型拿取資料。

值得注意的是，上面提到的**某個特定的模型**，聽起來似乎在一個應用程式當中不只一個模型？沒錯，一個應用程式當中模型不會只有一個，而是多個。事實上，不只模型，就連控制器與介面都不會只有一個。在往後的範例當中，我們將會陸續發現這個事實。

5.2 Target-Action 程式架構

跟 MVC 一樣，Target-Action 也是一種程式架構。這種架構的特性是當某個事件發生時，接收到該事件的物件 (object)，會將必要訊息保留並傳送訊息給另一個物件。一般而言，接收到事件的物件，保留的資訊有兩種，分別是 action selector 和 target。Action selector 是定義事件觸發後接下來所要進行的處理，而 target 則是需要被通知的對象。通常，Action selector 所定義的事件都是寫在 target 物件裡面。

雖然，target 可以是任何物件，不過一般都會是在 MVC 裡面提到的控制器 (controller)。

原因很簡單，因為控制器是應用程式大部分邏輯所在地。從這個現象我們也可以知道，MVC 和 Target-Action 兩個架構是可以同時並存，並行不悖的。

以下是 Apple 官方所提供解釋 Target-Aciton 的流程圖：

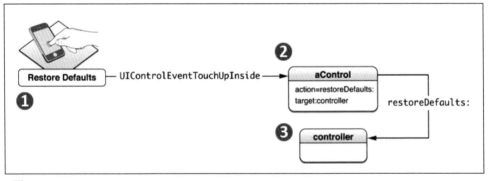

■ 圖 5-5

圖 5-5 中所表示的是，當使用者點一下螢幕上的一個按鈕，程式將會回復成預設狀態。圖中的「UIControlEventTouchUpInside」其實是按鈕的一個觸發事件，而步驟 (2) 中的 aControl 其實就是一個按鈕。因為按鈕本身具有「UIControlEventTouchUpInside」觸發事件，因此當使用者按下按鈕之後，按鈕會收到訊息並且通知控制器 (controller) 做 restoreDefaults，也就是還原預設的動作。圖中的「restoreDefaults」就是 action selector 而控制器 (controller) 就是 target。

5.3 Objective-C基本介紹

Objective-C 是一個物件導向程式語言，它延伸自標準的 ANSI C 語言，並且加入類別 (Class) 和方法 (Method) 的定義方式、以及其他能夠動態延伸類別的架構。一些傳統物件導向的觀念，例如封裝 (Encapsulation)，繼承 (Inheritance) 以及多型 (Polymorphism)，也都同樣出現在 Objective-C 裡面。不過，Objective-C 仍然有它與一般程式語言不同之處；在這個小節會針對 Objective-C 特別之處做一個簡短的介紹。除此之外，也會對它如何定義類別與方法，如何傳值，以及如何宣告屬性等等做一個基本的說明，讓您對前幾個章節做過範例的程式碼部份有更進一步的瞭解，同時也為接下來會遇到的範例做準備。在本書的後半部份，我們還會針對 Objective-C 做更詳細的解說。

5.3.1 Objective-C：建構於 C 語言之上的物件導向語言

Objective-C 是在 C 語言架上一層物件導向的層級 (Layer)，它同時也是 C 的超集 (Superset)；也就是說，我們可以自由地在 Objective-C 程式碼裡面加上 C 的程式碼；而且，和 C 語言一樣的是，Objective-C 也分成 .h 定義檔以及 .m 實作檔。一般來說，我們會把類別的屬性 (Properties)、引用的來源 (Included Sources) 以及允許別的類別來存取的公用方法 (Public Methods) 定義在 .h 定義檔裡，而把程式真正運行的邏輯寫在 .m 實作檔內。

以下的表格所顯示的是 Objective-C 程式語言會用的副檔名：

副檔名	說明
.h	定義檔，通常包含了類別 (Class)、公用方法 (Public Methods)、以及屬性、變數、常數 (Constant) 等等的宣告與定義。
.m	實作檔，也就是程式邏輯真正存在的地方，通常也包含了私用方法 (Private Methods) 的宣告以及實作。C 以及 Objective-C 程式碼可以同時存在於實作檔裡面。
.mm	實作檔。這類型的實作檔除了 C 以及 Objective-C 程式碼之外，更可以包含 C++ 程式碼。要使用這類副檔名的時候，必須確定我們的 Objective-C 程式碼真的需要利用到 C++ 的類別或其他功能。

5.3.2 類別（Classes）

就跟其他物件導向語言一樣，Objective-C 的類別提供基本的封裝架構來封裝資料以及操作資料的動作。而類別的實體化就是物件，物件會在記憶體裡保留一份宣告在類別裡面的變數，並且將指標 (Pointers，將在本書後續章節進一步介紹指標概念) 指向類別裡面的方法 (Methods)。

Objective-C 類別的規格 (Specification) 包含兩個部份：介面 (Interface) 以及實作 (Implementation)。介面一般包括類別的宣告以及變數、方法 (Methods) 的宣告與定義。通常，介面會出現在 .h 檔裡面。實作指的是方法 (Methods) 運作的真正邏輯，通常都會寫在 .m 檔裡面。

圖5-6 所顯示的是一個如何宣告類別的範例。範例中，類別的名稱叫做 **MyClass**，它繼承自一個叫做 NSObject 的 Cocoa 類別。類別的宣告以 **@interface** 關鍵字為起始點，以 **@end** 關鍵字為結束點。類別名稱 (範例中的 MyClass) 後面所接的是父類別的名字 (範例中的 NSObject)，類別名稱與父類別中間則以「冒號」做區隔。類別的成員變數 (有時被稱做 ivars，也有程式語言稱做成員變數 (member variables) 則是宣告在 {} 區塊裡面；成員變數之後緊接著的是類別方法 (Methods) 的宣告。每一個成員變數和方法的宣告後面都必須以「分號」當結尾。

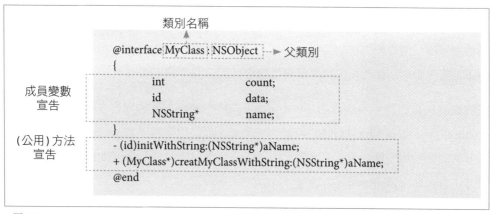

■ 圖 5-6

> **提示**：類別的宣告也可以包含屬性 (Properties)，不過屬性的宣告並沒有包括在圖 5-6 的範例裡；關於屬性的介紹，我們會在後面的段落加以說明。

Objective-C 同時支援強類型 (Strong typing) 和弱類型 (Weak typing) 的變數宣告。強類型變數宣告是在變數名稱前加上類別的名稱，弱類型宣告通常則是在變數名稱之前加上 id 這個關鍵字。弱類型變數通常用於型態未知的集合類別 (Collection Classes)。如果您之前習慣用強類型變數，或許會認為弱類型變數會造成問題，然而在 Objective-C 裡面，它卻提供了強大的彈性。

以下的範例說明了如何宣告強類型與弱類型變數：

```
MyClass *myobject1; // 強類型 (Strong typing
id        myobject2; // 弱類型 (Weak typing)
```

請特別留意上面範例中第一個變數宣告時所用到的 * 關鍵字。在 Obejctive C 裡面宣告強類型變數時，請記得在變數名稱前面加上 *。

5.3.3 方法與訊息（Methods and Messaging）

Objective-C 裡的類別可以宣告兩種類型的方法 (Methods)：**實體方法** (Instance Methods) 和**類別方法** (Class Methods)。實體方法只允許實體化之後的物件來呼叫，也就是說，當您要呼叫一個實體方法的時候，必須先建立一個該類別的物件。相反的，類別方法則不需要先將類別實體化成物件就可以直接呼叫。以下我們會有更詳細的說明。

或許跟其他程式語言有些許的不同，Objective-C 裡面方法的宣告包括：方法的類型 (Method Type Identifier)、回傳的類型、一個或多個識別關鍵字 (Signature Keywords) 以及參數的類型與名稱。圖 5-7 所顯示的是如何宣告一個叫做 insertObject:atIndex: 的實體方法 (Instance Methods)。

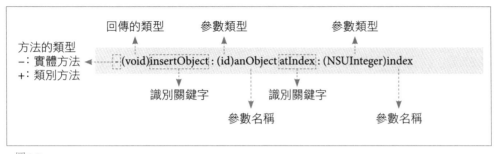

■ 圖 5-7

整個方法的宣告以減號 (-) 為起點，減號代表這個方法是實體方法；而如果開頭為加號 (+) 的話，代表這個方法是類別方法。整個方法的名稱 (insertObject:atIndex:) 其實就是識別關鍵字的組合，包括分號 (;)。有分號的話代表這個方法是有參數的；如果沒有參數的話，我們可以直接忽略分號並且只保留第一個 (而且也是唯一的) 識別關鍵字。圖 5-7 所顯示的是一個接收兩個參數的實體方法。如果這個方法沒有接收任何參數的話，宣告的方式將會如下面所示：

```
-(void)inserObject;
/* 沒有接收任何參數的方法不包含任何分號，並且只保留第一個識別關鍵字。*/
```

那麼，要如何呼叫一個方法呢？當要呼叫一個方法的時候，我們對一個物件傳遞一個「訊息」。「訊息」其實就是識別關鍵字加上參數 (如果需要的話)；而訊息的傳遞則是用 [ ] 包起來。請看下面的例子：

```
[myArray insertObject:anObject atIndex:0];
```

在 [ ] 裡面，myArray 是接收訊息的物件，會寫在最左邊，而對 myArray 傳送的「訊息」就是 insertObject:atIndex:。這行程式翻譯成白話的意思就是說：針對 myArray 這個陣列物件加入一個叫做 anObject 的物件 (insertObject:anObject)，並且把新加入的物件放在 0 的位置 (atIndex:0)，也就是陣列裡面的第一個位置。

為了避免宣告一堆暫時性的區域變數來儲存結果，Objective-C 也允許巢狀式的訊息傳遞 (Nested Messages)。

巢狀式訊息回傳的值可以用來當作**參數值**傳遞或者當作**訊息的接收物件**。比方說，我們有一個叫做 myAppObject 的物件，且該物件提供了存取陣列物件 ([myAppObject theArray]) 以及另一個準備加入陣列的物件 ([myAppObject objectToInsert]) 的方法，因此，剛剛的例子就可以改寫成這樣：

```
[[myAppObject theArray] insertObject:[myAppObject objectToInsert] atIndex:0];
/*
1. 透過呼叫 [myAppObject theArray] 方法取得一個接收訊息的物件(陣列物件)。
2. 透過呼叫 [myAppObject objectToInsert] 方法取得另一個物件，並且將這個物件透過
insertObject:atIndex: 訊息加入到先前由 [myAppObject theArray] 取得的陣列物件當中。
*/
```

此外，Objective-C 也提供了一般物件導向語言常用的 Dot Syntax 來存取物件的屬性。以剛剛的例子來說，假如 theArray 是 myAppObject 的一個屬性，那麼剛剛我們用的

```
[myAppObject theArry]
```

就可以改寫成

```
myAppObject.theArray
```

而整行程式就可以簡化成這樣：

```
[myAppObject.theArray insertObject:[myAppObject objectToInsert] atIndex:0]
```

我們也可以用 Dot Syntax 來為屬性分配一個值，例如：

```
myAppObject.theArray=aNewArray;
```

這個寫法其實就等同於：

```
[myAppObject setTheArray: aNewArray];
```

上面所舉的例子，都是傳訊息給實體化之後的物件，所用的方式就是之前介紹的實體方法；當然，我們也可以傳訊息給實體化之前的類別，方式就是透過類別方法。簡單的說，實體方法是用來傳訊息給物件的，而類別方法是用來傳訊息給類別的。

通常，類別方法會用在兩個地方：

1. 為該類別建立一個物件時。
2. 用來存取該類別的共用資訊時。

類別方法的宣告方式幾乎跟我們上面看到宣告實體方法的例子一樣，唯一不同的地方就是前面的 (-) 號，必須改為 (+) 號，像這樣：

```
+(id)array
/* 這是一個類別方法 */

- (void)insertObject:(id)anObject atIndex:(NSUInteger)index
/* 這是一個實體方法 */
```

下面的例子是用來表示如何透過類別方法來替叫做 NSMutableArray 的類別建立一個名為 myArray 的物件。範例裡面的 array 方法是 NSArray 這個類別的類別方法，而 NSMutableArray 由於繼承自 NSArray，因此 NSMutableArray 也可以使用 array 這個類別方法。至於 array 這個方法的功能主要就是為 NSArray 或 NSMutableArray 類別分配記憶體並且做初始化的工作，之後回傳一個屬於該類別的物件。

```
NSMutableArray *myArray=nil;
/* 先宣告一個屬於 NSMutableArray 類別的變數並且暫時將它設成空值 */

myArray=[NSMutableArray array];
/* 利用 NSMutabelArray 的實體方法「 array 」來產生一個物件，並且將其回傳的物件指向 myArray 這個變數 */
```

我們在 5.3.2 裡面介紹過如何宣告一個名為 MyClass 的類別，而宣告類別這件事通常都是寫在 .h 介面檔裡，類別真正的實作則是寫在 .m 實作檔內。圖 5-7 所顯示的是在 .m 檔裡面如何實作 MyClass 類別的範例。就跟宣告類別一樣，實作類別的時候也是有兩個關鍵字分別作為開頭跟結尾：

@implementation：實作檔開頭關鍵字。

@end：實作檔結尾關鍵字。

實作檔裡面也應該包含宣告在 .h 介面檔內的實體方法和類別方法，和 .h 檔不同的是，.m 實作檔內也應該包含各種方法的實作邏輯。

```
@implementation MyClass
-(id)initWithString:(NSString *)aName
{
    self=[super init];
    if(self){
      name=[aName copy];
    }
   return self;
}

+(MyClass *)createMyClassWithString: (NSString *)aName
{
   retrun [[[self alloc] initWithString:aName] autorelease];
}
@end
```

■ 圖 5-7

5.3.4 屬性（Properties）的宣告

從前面 5.3.2 以及 5.3.3 小節裡面我們可以看到，當類別要和別的物件交換資料的時候，必須定義類別方法或實體方法 (在 .h 介面檔裡)，並且還要詳述各種方法的運作邏輯 (在 .m 實作檔裡)。這樣的規範有時寫起來還滿花時間的，為了簡化這個流程，「屬性」便應運而生。當某一個物件單純只是想要讓其他物件知道它某個變數的值時，把該變數定義成屬性，是最聰明，也是最快速的做法。

屬性以及方法一般宣告於類別的介面檔裡 (.h 檔)。屬性用 **@property** 為開頭關鍵字，之後接類別、資料形態，最後才接屬性的名稱。當然，您也可以定義繼承者繼承後的屬性如何運作。請看以下的例子：

```
@property BOOL flag;

@property (copy) NSString *nameObject; // 複製 nameObject
@property (readonly) UIView *rootView; // 唯讀屬性。
```

每一個允許讀取的屬性，Objective-C在程式執行的時候會自動生成一個和屬性名稱一樣的方法，而每一個允許寫入的屬性，在程式執行的時候，Objective-C會另外再產生一個**setPropertyName:** 這樣的方法。這裡所寫的PropertyName就是我們自己定義的屬性名稱，而通常第一個字會被改成大寫。例如我們有一個允許讀取的屬性名稱叫做name，那麼在程式執行的時候，除了產生一個叫做 name 的方法之外，還會另外再產生一個 setName 的方法來允許其他人寫入新值。

不過，要讓 Objective-C 能夠自動在程式執行的時候為我們加入上面所說的方法，我們必須在實作檔 (.m 檔) 裡面加上 **@synthesize** 這個關鍵字，然後在關鍵字後面接上屬性的名稱，如下面範例所示：

```
@synthesize flag;
@synthesize nameObject;
@synthesize rootView;
```

當然，我們也可以把所有 @synthesize 的描述寫成一行：

```
@synthesize flag, nameObject, rootView;
```

5.3.5 字串（Strings）

Objective-C 主要用NSString這個類別來做字串 (String) 的處理。NSString 把一般在 C 裡面對 string 常做的事都包在類別裡，大大提升了對字串處理的方便性。要對NSString指定一個字串，只要在字串前面加上 @ 符號即可。請看下面的範例：

```
NSString *myString = @"My String\n";
NSString *anotherString = [NSString stringWithFormat:@"%d %@", 1, @"String"];

// 從 C 字串裡面建立一個 Objective-C 字串
NSString *fromCString = [NSString stringWithCString:"A C string" encoding:NSASCIIStringEncoding];
```

5.3.6 協定（Protocols）

協定 (Protocol)，指的就是宣告一個可讓其他類別或物件實作的方法。簡單的說，就是在一個類別的介面檔 (.h) 宣告協定的方法，但並沒有在實作檔裡面 (.m) 加上該方法的程式邏輯；程式的邏輯留給其他類別或物件加上去。實作的協定其實並不是類別本身，它只是定義介面，然後讓其他物件來做實作。當您在某個類別裡面為其他類別所定義的協定加上自己的程式邏輯時，我們就說某類別「符合」該協定 (your class is said to conform to that protocol)。

協定通常與委派 (Delegate) 密不可分。要說明協定、委派以及他們和其他物件之間的關係，請看以下的例子說明：

UIApplication 這個類別包含了許多應用程式必備的邏輯在裡面，而且知道目前應用程式所處的狀態；當某個類別，比方說 MyClass 想知道目前應用程式所處狀態的時候，MyClass 並不需要繼承整個UIApplication。我們只需要將 MyClass 設成 UIApplicaiton 的委派物件，然後在MyClass的實作檔 (.m) 裡面包含 UIApplicaiton 定義的協定方法，就能收到來自於 UIApplicaiton 的狀態通知；收到通知之後，MyClass 就能根據自己的狀況來實作該方法。以下的例子說明 MyClass 如何接受 UIApplication 的協定：

```
@interface MyClass : NSObject <UIApplicationDelegate, AnotherProtocol> {
}
@end
```

協定的宣告跟之前看到類別的宣告差不多，只不過他們沒有父類別，也沒有成員變數。以下的例子是一個簡單的協定，其中只包含一個方法：

```
@protocol MyProtocol
- (void)myProtocolMethod;
@end
```

5.4 小結

這一章介紹了 iOS 開發遇到的第一個 design pattern：MVC（Model、View and controller），這個觀念可以說是普遍存在於目前各種開發技術之中，因此是個絕對要學的觀念，而 Target-Action 則是 iOS 和使用者互動的精髓，製作友善的介面自然是缺它不可。

在這一章中我們也介紹了幾個和 Objective-C 相關的主題，目的是為了讓各位在接下來的範例中能順利地上手，本書會在後面的章節更進一步地為各位介紹關於 Objective-C 相關的基本概念，就讓我們藉著接下的範例，一步一步地朝向 iOS 開發的旅程邁進吧。

5.5 習題

1. 請分別用一個句子來描述模型 (Model)，介面 (View) 以及控制器 (Controller) 的主要功能。

2. 定義類別方法的時候，方法前面放上加號 (+) 跟放上減號 (-) 有什麼差別？

3. 請自訂一個繼承 UIView 的類別，該類別必須有一個 UIImage 的成員變數，一個叫做 name 的屬性，以及一個允許其他物件存取的方法：showMyName。請在介面檔 (.h) 定義上述的項目，並在實作檔 (.m) 實作 showMyName。showMyName 的實作內容 (程式邏輯) 如下：

```
-(void)showMyName{
  NSLog(@"my name is %@", self.name);
}
```

Note

Chapter 6
實作範例－聯絡人程式 Part-1
(viewcontroller, navigation controller,table view)

本章學習目標：

1. 了解視圖控制器 (View Controller) 的功能及使用時機。

2. 了解導覽視圖控制器 (Navigation Controller) 的功能及使用時機。

3. 了解表格視圖 (Table View) 的功能及使用時機。

接下來的幾個章節，我們將藉由實作一個簡單的聯絡人程式，以漸近的方式來介紹 iOS 開發最重要的幾個基本觀念，一開始本章將對 iOS 最常見的 UI 元件：視圖控制器 (View controller)、導覽視圖控制器 (Navigation controller) 和表格視圖 (Table view) 進行介紹，在這一章中我們會一步一步使用這三個元件來製作範例，讓我們開始來研究如何好好地使用這些好用的元件吧！

Learn more▸

Written by 彭煥閔

6.1 建立專案

在這接下來的幾章中將會建立一個簡單的聯絡人程式，在所有的工作開始之前，讓我們先來規劃一下這個聯絡人程式該有些什麼東西，在下圖中規劃了一個一般聯絡人大致上都會有的架構：

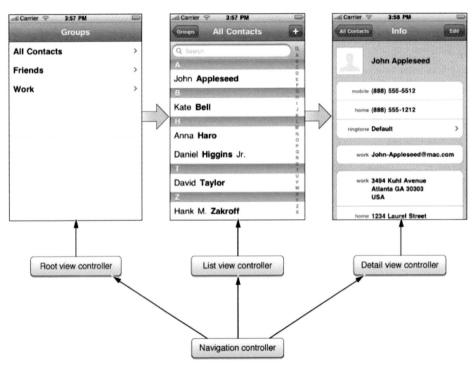

■ 圖 6-1

在上圖中可以將這個架構分為三個部分：

群組	將所有人分類，以上圖來說，這份通訊錄有三個群組，分別是「All Contacts (所有聯絡人)」、「Friends (朋友)」和「Work (同事)」。
	因為這是第一個出現的視圖控制器 (View controller)，所以在習慣上會將這個視圖控制器稱為「根視圖控制器」(Root view controller)，程式中會使用表格視圖 (Table view) 來展示這些群組。
列表	列出屬於某個群組所有的人名，因為名字是用表列方式呈現，所以稱這種視圖為列表視圖控制器 (List view controller)，同時亦使用表格視圖 (Table view) 來展示這些人名，所以也是使用表格視圖控制器來實作這個頁面。

詳細資料	當使用者在列表中選取一個人名之後，程式將會把該人名的資料顯示出來，這個頁面一般稱它為詳細資料頁面 (Detail page)，因為在 iOS 中沒有合適的獨立元件來顯示這個畫面，因此會使用一般的視圖控制器配合一些基本的 UI 元件來完成這個介面。

當定義好這三個頁面之後，需要有元件來幫助將這三個頁面在合適的時機呈現給使用者，這時視圖導覽控制器 (Navigation controller) 就是用來協助完成這個任務的元件。

大致上擬定出目標之後，現在可以開始建立專案了。

當執行 Xcode 之後，在畫面上選取「Create a new Xcode project」。

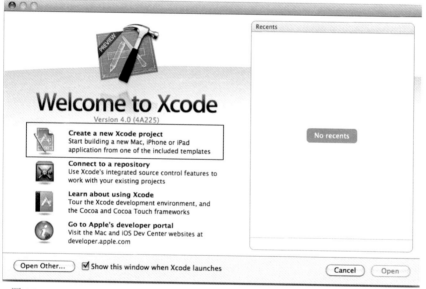

■ 圖 6-2

點選建立新專案之後，Xcode 會出現應用程式類型的選單，讓我們選擇要建立哪一類型的專案，畫面的左方提供了要開發平台的選項，而右方則是在該平台要建立哪一種類型的應用程式，如圖 6-3 所示。

先在左邊選取 iOS 下方的「Application」，右邊選取「Navigation-based Application」，選取完後請點選「Next」進入下一個頁面。

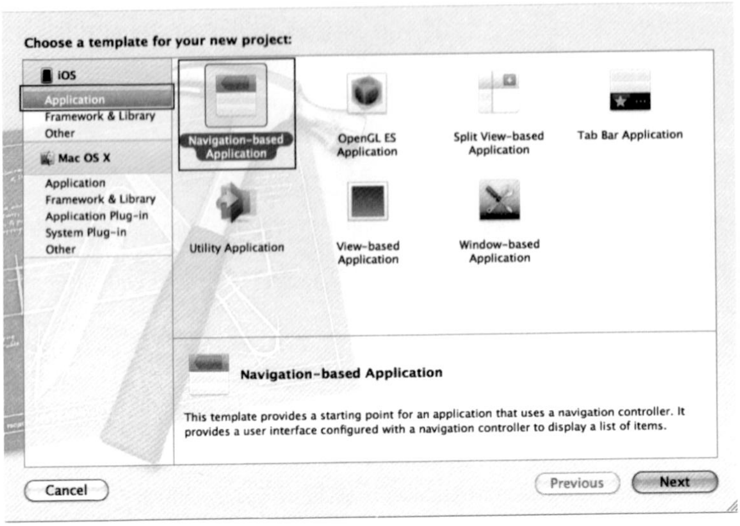

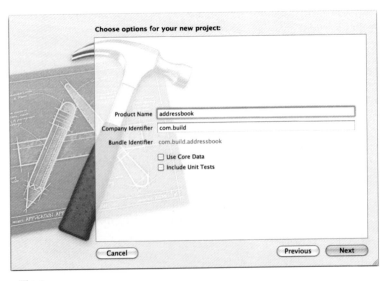

■ 圖 6-3

現在請輸入產品的相關資訊，請填寫以下資訊：(當您更熟悉後可依自己的需求決定
名稱是什麼。)

- **Product Name**：addressbook
- **Company Identifier**：com.build
- **Include Unit Tests**：暫不勾選。

■ 圖 6-4

在畫面的下方有一個「Use Core Data」選項，這個選項是問是否要使用「Core Data」來做為儲存資料的方式，「Core Data」是 iOS 提供的一個簡易利用資料庫來儲存資料的函數庫，當資料較複雜且多時，使用「Core Data」可以有效地提高資料存取的效率，但為了簡化範例涵蓋的範圍，此時暫時不使用「Core Data」來儲存資料。

完成後再點選「Next」進行下一個步驟，此時會出現詢問要將專案檔案存放在何處的對話盒，請選取一個合適的路徑並將目錄取名為「addressbook」。

若要使用原始碼控管系統的話可以勾選下方的「Source Control」選項，這樣的話 Xcode會自動將專案加入原始碼控管系統中，因為目前並沒有打算使用原始碼控管系統來管理程式，此時請忽略這個選項。

完成設定後。接下來會進入開始畫面，這時就可以開始撰寫程式了：

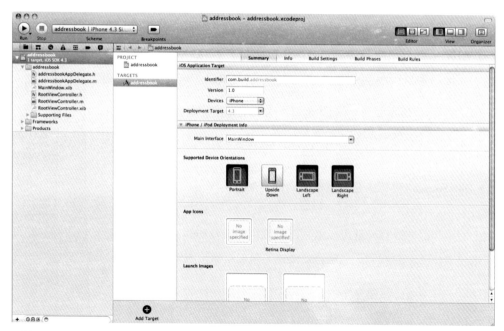

■ 圖 6-5

首先，先執行看看建立的專案到底是什麼，點選畫面左上角的「Run」按鈕來執行程式，接著 Xcode 將會呼叫 iOS 的模擬器來顯示結果，如圖 6-6 所示：

這個結果很像一個列表，這是使用表格視圖在預設的情況會出現的樣子。

■ 圖6-6

6.2 匯入資料

程式的基本架構已經有了，但是畫面上除了幾條橫線之外什麼都沒有，所以現在來研究一下該如何輸入資料並顯示在畫面上。

請打開專案，在「addressbook」目錄中，尋找「RootViewController.h」這個檔案，裏面會有一段已經自動建置好的內容如下：

```
@interface RootViewController : UITableViewController {

}
```

上面的「UITableViewController」就是在前面提到的「表格視圖控制器」，此時將說明視窗打開可以發現「UITableViewController」實作了一個叫做「UITableViewDataSource」的協定，把「UITableViewDataSource」這個字拆開來看，可以看到幾個關鍵字：

- **UI**：表示這個元件是一個UI元件，也就是某種使用者介面。
- **TableView**：表示這個元件是表格視圖，也就是說這個協定中的主角是一個TableView。
- **DataSource**：表示這是某個東西的資料來源。

由上面這些線索很容易就可以猜到這個協定的主要功能，就是要告訴表格視圖它的資料來源是什麼，而我們正是透過這個協定來告訴表格視圖該顯示什麼資料。

這個協定有兩個必須要實作的方法，它們主要的功能如下：

- **tableView:cellForRowAtIndexPath**：詢問特定位置的儲存格資料為何？
- **tableView:numberOfRowsInSection**：回答某個區段的資料有多少筆。

現在打開「RootViewController.m」可以發現Xcode已經完成了下面方法的實作：

```
// Customize the number of sections in the table view.
```

```
- (NSInteger)numberOfSectionsInTableView:(UITableView *)tableView {
    return 1;
}
```

和

```
- (NSInteger)tableView:(UITableView *)tableView numberOfRowsInSection:(NSInteger)section {
    return 0;
}
```

和

```
// Customize the appearance of table view cells.
- (UITableViewCell *)tableView:(UITableView *)tableView cellForRowAtIndexPath:(NSIndexPath *)indexPath {
    static NSString *CellIdentifier = @"Cell";
    UITableViewCell *cell = [tableView dequeueReusableCellWithIdentifier:CellIdentifier];
    if (cell == nil) {
        cell = [[[UITableViewCell alloc] initWithStyle:UITableViewCellStyleDefault reuseIdentifier:CellIdentifier] autorelease];
    }
    // Configure the cell.
    return cell;
}
```

上面的三個實作中，第二、三個就是在上面介紹中必須實作的兩個方法，而第一個實作表示說整個表格只有一個區段而已。

在第二個實作中，預設的情況是回傳目前區段的資料筆數是「0」，也就是沒有任何資料。第三個實作則是真正產生所顯示儲存格的地方，這裏的「UITableViewCell」就是儲存格使用的類別，程式對這個儲存格做的任何動作最後會呈現給使用者。

經由上面的介紹，相信大家應該可以猜到，如果想要讓表格視圖顯示資料，應該要做什麼事情吧，所以現在就來開始修改表格視圖要顯視的資料吧，基本上要由以下兩個方向著手：

1. 回報目前區段的資料有幾筆，表格視圖會依據這個回傳值來決定往後索取資料次數。

2. 根據傳入的參數，決定第 n 筆資料該顯示的內容是什麼。

依據目前的規劃，第一個畫面是群組的分類，而目前的規劃將通訊錄分為三個類別：

1. All Contacts。

2. Friends。

3. Work。

依據上面的設定，請將6-8頁的程式修改如下虛線框：

```objc
- (NSInteger)tableView:(UITableView *)tableView numberOfRowsInSection:(NSInteger)section {
    return 3;
}
```

和

```objc
- (UITableViewCell *)tableView:(UITableView *)tableView cellForRowAtIndexPath:(NSIndexPath *)indexPath {

    static NSString *CellIdentifier = @"Cell";

    UITableViewCell *cell = [tableView dequeueReusableCellWithIdentifier:CellIdentifier];
    if (cell == nil) {
        cell = [[[UITableViewCell alloc] initWithStyle:UITableViewCellStyleDefault reuseIdentifier:CellIdentifier] autorelease];
    }

    // Configure the cell.
    if(indexPath.row == 0)
    {
        cell.textLabel.text = @"All Contacts";
    }
    else if(indexPath.row == 1)
    {
        cell.textLabel.text = @"Friends";
    }
    else if(indexPath.row == 2)
    {
        cell.textLabel.text = @"Work";
    }
    else
    {
        NSLog(@"Warning: Error index!!");
    }
}
```

```
    return cell;
}
```

修改完成後，執行一下程式，我們將會看到圖6-7所示的
結果。看起來很像是我們要的第一個畫面了，不過好像少
了一點東西，這個畫面的標題沒有顯示出來，所以還得在
程式中找個地方讓系統把標題顯示出來。

■ 圖6-7

在程式碼中尋找了一下會發現有些方法的實作已經完成
了，就在剛剛實作的上方，有四個看起來有點像的方法，這四個方法分別是：

```
- (void)viewWillAppear:(BOOL)animated {
    [super viewWillAppear:animated];
}
```

```
- (void)viewDidAppear:(BOOL)animated {
    [super viewDidAppear:animated];
}
```

```
- (void)viewWillDisappear:(BOOL)animated {
        [super viewWillDisappear:animated];
}
```

```
- (void)viewDidDisappear:(BOOL)animated {
        [super viewDidDisappear:animated];
}
```

這四個方法其實是視圖提供的一些狀態更新資訊，當畫面有異動時，它會藉由這四個
方法來通知我們，不過不見得所有的程式都需要知道這些更新的狀態，所以並不是所
有的程式都需要改寫這些方法，這四個時機點的意義如下：

viewWillAppear	通知視圖控制器即將有視圖出現在畫面中。
viewDidAppear	通知視圖控制器已經有視圖出現在畫面中。
viewWillDisappear	通知視圖控制器即將有視圖消失在畫面中。
viewDidDisappear	通知視圖控制器已經有視圖消失在畫面中。

由上面的說明看來，「viewWillAppear」或是「viewDidAppear」都是適合修改標題的時機，所以請將「viewWillAppear」方法改寫成：

```
- (void)viewWillAppear:(BOOL)animated {
    [super viewWillAppear:animated];
    self.title = @"Groups";
}
```

重新執行一下，新的畫面將會顯示如圖6-8所示的畫面。

現在畫面就很像是目前規劃的樣子了，不過畫面似乎還是少了一些東西，每個資料後面的展開符號沒有出現在畫面中，請回想一下前面的介紹，這個東西應該是屬於何種屬性呢？剛剛在設定儲存格的時候，只有設定每個儲存格的標題，其他的東西我們都沒有設定，而最右邊的展開符號其實也是儲存格設定的一部分，在iOS中，預設的儲存格結構如圖6-9所示。

■ 圖6-8

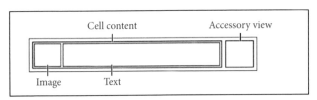

■ 圖6-9

由圖可知，需要修改的部分是儲存格的「Accessory view」，所以請將剛剛修改儲存格的程式碼，加一些小小地修改(如虛線框所示)，讓它變成下方的程式。

```
- (UITableViewCell *)tableView:(UITableView *)tableView cellForRowAtIndexPath:(NSIndexPath *)
indexPath {
    static NSString *CellIdentifier = @"Cell";

    UITableViewCell *cell = [tableView dequeueReusableCellWithIdentifier:CellIdentifier];
    if (cell == nil) {
        cell = [[[UITableViewCell alloc] initWithStyle:UITableViewCellStyleDefault
reuseIdentifier:CellIdentifier] autorelease];
    }

    // Configure the cell.
    if(indexPath.row == 0)
```

Continue

除了前述的四種狀態，還有另外兩種常見的狀態也是很常用的，這兩個狀態和出現的時機分別是：

1. viewDidLoad：當視圖完成載入時呼叫，大部分的情況下只會被呼叫一次而已，通常需要額外載入資料都會在這個方法中實作。在前面介紹修改標題的動作移到此處也是相當合適的一個地方。

2. viewDidUnload：當視圖卸載之後呼叫，此時在 viewDidLoad 中額外配置的物件在此處要釋放掉。

在一般的情況下，上面兩個狀態都只會被呼叫一次而已，但是若可用的記憶體不足時，系統會主動釋放掉目前沒有在使用中的物件，此時上述兩個狀態就有可能會被呼叫一次以上。

上面介紹的幾種狀態都是給視圖控制器使用的，在 iOS 中為視圖本身也增加了一個狀態：

    - (void) awakeFromNib

當視圖是由 xib 檔載入而不是由手動載入時，系統會跳過視圖內建的初始化方法：

    - (id)initWithFrame:(CGRect)frame;

改由呼叫另一個初始化方法：

    - (id)initWithCoder:(NSCoder *)decoder

接下來就會呼叫 awakeFromNib，因此當我們想要額外對視圖做設定，而這個視圖又剛好是自動由 xib 檔案載入時，awaskeFromNib 將是一個很適合為視圖進行額外設定的地方。

```
{
    cell.textLabel.text = @"All Contacts";
}
else if(indexPath.row == 1)
{
    cell.textLabel.text = @"Friends";
}
else if(indexPath.row == 2)
{
    cell.textLabel.text = @"Work";
}
else
{
```

```
    NSLog(@"Warning: Error index!!");
  }
  cell.accessoryType = UITableViewCellAccessoryDisclosureIndicator;
  return cell;
}
```

再次執行程式，我們將會得到圖6-10所示的結
果。這樣就完成第一個畫面了。

■ 圖6-10

6.3 小結

在這一章中介紹了視圖控制器、導覽視圖控制器和表格視圖控制器，也對它們的使
用時機做了初步的介紹，也許比較細心的讀者會發現到我們似乎沒有使用到導覽視圖
控制器，但事實上已在程式中使用了，只是沒注意到而已，因為在預設情況下，專
案精靈產生的「RootViewController」就是導覽視圖控制器的第一個視圖控制器，而
這些設定並不是由程式碼決定，而是直接在 .xib 檔案中指定，相關的設定在編輯
「MainWindow.xib」時可以看到，這也就是為什麼會沒有發現導覽視圖控制器，卻還
是能夠使用導覽視圖控制器來進行切換畫面的原因，我們將在下一章的內容補強本章
的範例，並作更進一步的介紹。

6.4 習題

1. 請解釋 viewWillAppear、viewDidAppear、viewWillDisappear 和
   viewDidDisappear四個訊息出現的時機。

2. 請說明表格視圖中 tableView: numberOfRowsInSection: 的意義。

3. 請說明表格視圖中 tableView: cellForRowAtIndexPath:的意義。

4. 請說明表格視圖中 numberOfSectionsInTableView:的意義。

5. 請問表格視圖儲存格所使用的基礎元件是什麼？

Chapter 7
實作範例－聯絡人程式 Part-2
(table view)

本章學習目標：

1. 了解導覽視圖控制器 (Navigation Controller) 的使用方法。

2. 了解表格視圖 (UITableView) 的使用方法。

本章將延續上一章的範例進一步了解導覽視圖控制器和表格視圖的使用方法。

Learn more▸

Written by 彭煥閎

7.1 收集使用者的輸入

在上一章中介紹了如何在表格視圖中顯示資料，在目前規劃中的聯絡人程式有三個畫面，目前已經實作完成了第一個畫面，現在要更進一步地顯示各個群組內的聯絡人有哪些，要達到這個目標，第一件要做的事就是要知道使用者點選了哪一個群組，至於該如何知道使用者究竟選取了哪一個群組呢？這時表格視圖的另一個協定：UITableViewDelegate 裏面的「tableView:didSelectRowAtIndexPath:」方法就可以提供目前需要的資訊，當 Xcode 建立完專案時，已經實作如下的程式碼，只不過內容是以註解的方式呈現：

```
- (void)tableView:(UITableView *)tableView didSelectRowAtIndexPath:(NSIndexPath *)indexPath {
  /*
  DetailViewController detailViewController = [[DetailViewController alloc]
initWithNibName:@"Nib name" bundle:nil];
  // ...
  // Pass the selected object to the new view controller.
  [self.navigationController pushViewController:detailViewController animated:YES];
  [detailViewController release];
      */
}
```

在上面程式碼中的「DetailViewController」並沒有在目前的程式碼中有任何實作，純粹只是一個範例而已，一般來說「DetailViewController」是用來顯示詳細資料，這種「列表－詳細資料」算是一種常見的設計方法，一般稱之為「Master-Detail Design Pattern」，在這個範例的最後一個頁面將會實作「詳細資料頁面」，即是「Master-Detail Design Pattern」裏的「Detail」部分，不過目前的範例會先製作群組資料的頁面，這一頁的實作方式和第一頁一樣，都是使用表格視圖來展示資料，不同的是這一頁要顯示的資料必須依賴上一頁使用者的輸入內容才知道是什麼。所以第一件事就是拿到使用者的輸入內容，現在請回顧一下剛剛提到的「tableView:didSelectRowAtIndexPath:」，由這個方法中的「didSelectRowAtIndexPath」帶進來的參數「(NSIndexPath *)indexPath」就是我們的目標，「NSIndexPath」的原始定義本來是用來表示如圖7-1所示的一個資料結構：

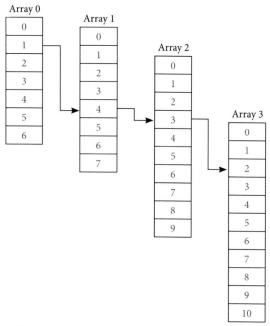

■ 圖 7-1

這個資料結構主要的功能是用來儲存一個樹狀的大型陣列，如上圖中的 Array0 就有 7 個節點 (索引值由 0 到 6 共 7 個值)，每個節點都可以指向另一個陣列。iOS 為了表格視圖替「NSIndexPath」增加了兩個屬性來讓程式更容易得到使用者的選擇，這兩個屬性分別代表的是：

section	使用者的選取是屬於哪一個區段。
row	使用者選取的是目前區段的哪一筆資料。

而目前只需要使用：

indexPath.row

就可以知道使用者選取的是第幾筆資料，以目前的設計來說「indexPath.row」和資料的對應如下表：

All Contacts	0
Friends	1
Work	2

因此，在程式中只需要在「**tableView:didSelectRowAtIndexPath:**」方法中檢視「indexPath.row」的值，就可以知道使用者的選擇。

7.2 回應使用者的輸入

當得到使用者的輸入之後，接下來要做的事就是依據
使用者的輸入來顯示下一個的畫面，接下來要做的
事就是產生下一頁的樣版，因為我們要將檔案放在
addressbook目錄下，因此請在addressbook目錄上按下
滑鼠右鍵，然後將會跳出一個選單，選取「New File」
來建立新的畫面(如圖7-2所示)。

點選了「New File」後，將會跳出圖7-3所示的畫面。

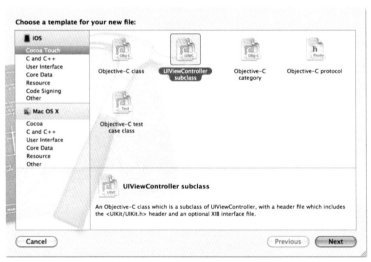

■ 圖7-2

■ 圖7-3

在左邊的面板選取「Cocoa Touch」，因為規劃中的第二頁其實是和第一頁類似的，因
此在右邊選取「UIViewController subclass」，表示要用視圖控制器來管理視圖，接著執
行「Next」來進行下一個畫面。

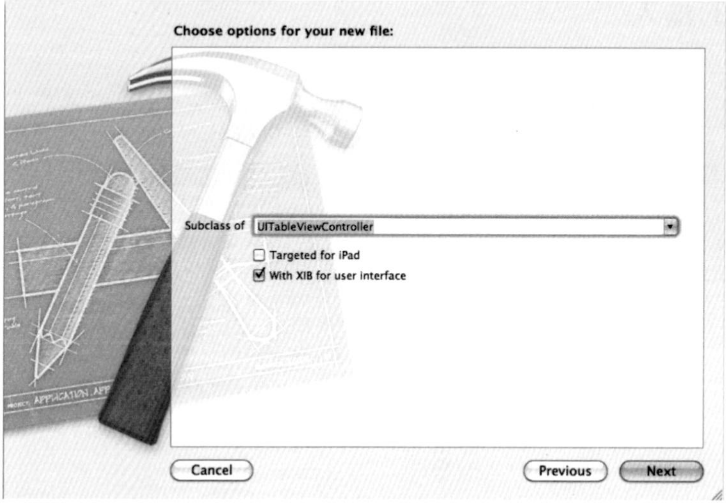

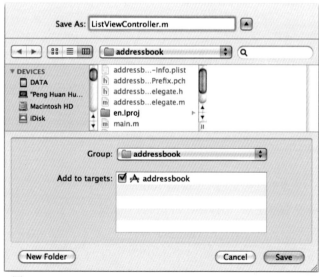

■ 圖 7-4

選取「UITableViewController」選項，而勾選「With XIB for user interface」則是代表要建立的視圖控制器打算使用 Interface Builder 來修改畫面，再來按下「Next」進入下一個步驟。

用 Interface Builder 修改畫面不是必需的，但是一般來說先預留此彈性有益無害。

■ 圖 7-5

在出現的畫面中，請將檔案名稱取為「ListViewController.m」，Add to targets依照預設值即可，此設定目的是決定這個新檔案要包裝進哪些target中，不過目前只有一個target，所以也沒什麼好選擇的，接著按下「Save」按鈕即可在專案中看到新加入的檔案，讀者可以依需求移到合適的位置。

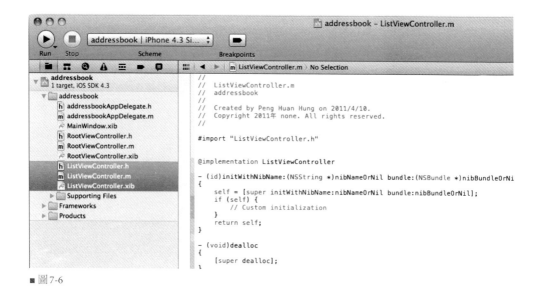

■ 圖7-6

Xcode會加入三個檔案，這三個檔案分別是：

- ListViewController.h

- ListViewController.m

- ListViewController.xib

這三個檔案即是要製作第二頁時要修改的目標。

完成上述步驟之後就可以依據使用者的選擇來顯示資料，現在請改寫「ListViewController.m」中的「tableView:didSelectRowAtIndexPath:」，這裏原來的程式碼是使用註解的方式呈現，把註解拿掉，將程式碼依下面步驟修改成剛剛建立的「ListViewController」，並加入系統中。

首先將「ListViewController」這個類別引入：一般來說，引入的程式碼都會放在檔案的開頭區域，在檔案「RootViewController.m」開始的地方可以看到一段原來已經有的程式碼：

```
#import "RootViewController.h"
```

這一行主要的功能是將「RootViewController」的定義匯入，接下來要匯入的是剛剛產生的「ListViewController」，所以就在這一行的下面直接加入「ListViewController」的定義檔，加入後這一區會變成：

```
#import "RootViewController.h"
#import "ListViewController.h"
```

加入上面這一段程式碼之後就可以在「RootViewController.m」中使用「ListViewController」了。

接下來到「tableView:didSelectRowAtIndexPath:」，將裏面的程式碼改成：

```
- (void)tableView:(UITableView *)tableView didSelectRowAtIndexPath:(NSIndexPath *)indexPath
{
    ListViewController *detailViewController = [[ListViewController alloc] initWithNibName:@"ListViewController" bundle:nil];
    // Pass the selected object to the new view controller.
    [self.navigationController pushViewController:detailViewController animated:YES];
    [detailViewController release];
}
```

這樣就可以在使用者點選之後，將「ListViewController」載入做為第二頁了，而這段程式碼中的第一段：

```
    ListViewController *detailViewController = [[ListViewController alloc] initWithNibName:@"ListViewController" bundle:nil];
```

是產生「ListViewController」的一個實體 (instance)，其中「initWithNibName」要填的值就是剛剛產生的xib檔的名字，也就是「ListViewController.xib」。

接下來的第二段：

```
[self.navigationController pushViewController:detailViewController animated:YES];
```

即是將產生出來的「ListViewController」實體放入目前的導覽視圖控制器中，「pushViewController:」後面接的是要放入的實體，「animated:」則是決定在切換頁面的過程中需不需要有過場動畫，基於讓使用者用起來心情比較快樂的這個理由，這個數值通常都會是「YES」，不用特別去改它。

至於第三段的：

```
[detailViewController release];
```

則是告訴系統說程式將不再使用「detailViewController」，請將「detailViewController」的控制權交給別人，因為這一段會牽涉到整個iOS系統的記憶體管理機制，因此在後面的章節將會對這一部分做更詳盡的介紹，目前請暫時先跳過，直接照抄即可。

加入上面這一段後，大致上第二頁的初步工作就完成了，讓我們來看一下成果如何？請選取工具選單中的「Product > Build」查看結果，如果沒有意外，Xcode會出現「Build Succeeded」但是出現了一些警告畫面，如圖7-7所示。

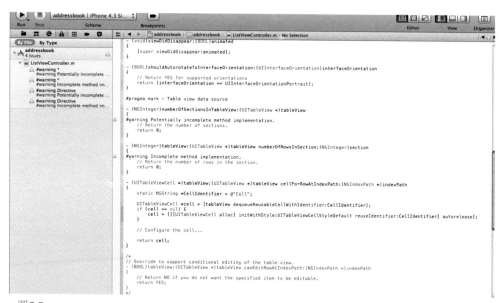

■ 圖7-7

這個畫面的左半部會告訴我們可能的錯誤在哪，在點選左邊所指示的錯誤位址之後，右邊的編輯區會出現對應的區域，在程式碼中已經提示是哪錯了，原來是剛剛建立的「ListViewController」實作不完整，在「numberOfSectionsInTableView:」和「tableView: numberOfRowsInSection:」這兩個地方都出現了警告，不過現在以先讓整個編譯能完全正常為目標，先不管正確的結果是什麼，因此根據函數的回傳型態「NSInteger」暫時將這兩段程式碼都回傳1，也就是：

```
- (NSInteger)numberOfSectionsInTableView:(UITableView *)tableView {
    // Return the number of sections.
    return 1;
}

- (NSInteger)tableView:(UITableView *)tableView numberOfRowsInSection:(NSInteger)section {
    // Return the number of rows in the section.
    return 1;
}
```

如此一來，再次執行「Product > Build」就可以順利地通過編譯了。現在請執行「Run」來看一下最新的成果如何。

一開始的畫面就如之前看到的出現了三個分類，如圖7-8所示。現在可以隨意點一下分類即會看到非常流利的過場畫面，重點是這個流暢的過場一行程式都不用寫，只是一個參數設定而已，過場動畫完成後會出現圖7-9的畫面。

這個畫面空空如也，什麼也沒有，只有一個回到上一頁的按鈕，不過

■ 圖7-8　　　　　■ 圖7-9

請不要感到意外，因為目前本來就還沒有實作這一頁要顯示的東西，所以接下來的任務就很明顯了：讓這一頁顯示出該出現的資料，首先先來讓標題顯示正確的分類，請回頭將RootViewController.m的「**tableView:didSelectRowAtIndexPath:**」修改成：

```
- (void)tableView:(UITableView *)tableView didSelectRowAtIndexPath:(NSIndexPath *)indexPath {
```

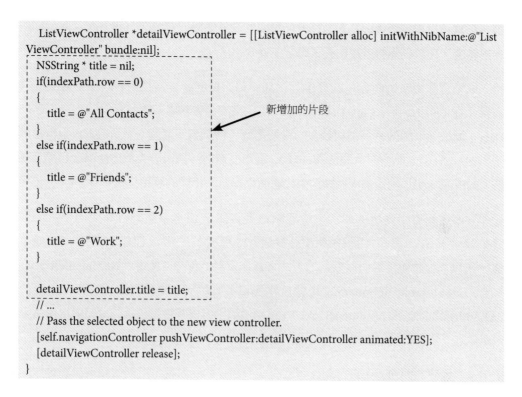

```
ListViewController *detailViewController = [[ListViewController alloc] initWithNibName:@"List
ViewController" bundle:nil];
NSString * title = nil;
if(indexPath.row == 0)
{
    title = @"All Contacts";
}
else if(indexPath.row == 1)
{
    title = @"Friends";
}
else if(indexPath.row == 2)
{
    title = @"Work";
}

detailViewController.title = title;
// ...
// Pass the selected object to the new view controller.
[self.navigationController pushViewController:detailViewController animated:YES];
[detailViewController release];
}
```

新增加的片段

我們在程式碼中新加入的程式片段，主要功能是修改「detailViewController」的「title」
屬性，修改完成後，再執行一次程式，這次三個選項分別會出現不同的標題，就如
同圖7-10的畫面。

■圖7-10

三個群組都出現了預期中的標題，不過新加的「if-else」區塊裏的群組名字是一行一行
刻出來的，在一般的實作上會使用陣列 (NSArray 或是 NSMutableArray 類別) 來儲存這
些群組的名字，然後在取用時直接使用陣列的索引值來取用，儘量減少重覆的程式

碼，這樣可以避免爾後因為人為修改所造成的意外錯誤。但是因為現在為了簡化範例的複雜度，所以仍然將重複的程式碼留在程式中。

接下來要實作顯示的內容，在實作上，通訊錄大概都會直接採用資料庫系統來儲存資料，在iOS中使用「Core Data framework」來簡化資料庫系統的實作，不過「Core Data」屬較進階的議題，需要較多的背景知識，所以暫不討論，此外在iOS中也提供了「ABAddressBook」和「AddressBookUI」這兩個類別，讓設計人員方便存取和顯示聯絡人的資訊，可以利用這兩個類別來快速產生聯絡人相關的應用程式。

雖然iOS已經有了內建的類別來處理聯絡人資訊，但本章暫時打算使用手工的方式來建置範例，這樣才能讓讀者對整個iOS程式的開發流程能有更進一步地了解，所以本書將使用另一個變通的方式來實作資料的儲存：使用「NSMutableArray」包含「NSMutableDictionary」也就是陣列和字典類別來儲存聯絡人的資料，至於「ABAddressBook」和「AddressBookUI」這兩個類別本書將會在稍後的章節對這兩個函數庫做進一步介紹。

使用這些內建的類別而不自行創建類別有一個額外的好處就是這兩個類別已經實作的檔案儲存和讀取的功能，對資料量不大的程式來說是非常方便的組合，當然也可以使用「NSMutableDictionary」再包含另一個「NSMutableDictionary」的解決方案，不過因為字典是一種「關鍵字—值」(key-value) 的結構，使用這種架構的話就必須考慮到關鍵字不能重覆等其他的問題，為了簡化架構所以在範例中將採用「陣列—字典」的方式來實作。

在 iOS 系統中，所有容器型的類別 (專門用來裝其他物件的類別) 都會有兩種型態，一種就是平常我們看到的名字，另一種則是在名字前冠上 Mutable 字首，例如：

- NSArray — NSMutableArray
- NSDictionary — NSMutableDictionary
- NSSet — NSMutableSet
- NSString — NSMutableString

這兩者最大的差別在於以 Mutable 開頭的類別是可修改的，而沒有 Mutable 開頭的類別是不可修改的，因此若資料是需要修改的就必須使用以 Mutable 開頭的類別。

現在來分析一下第二頁所需要的資訊，根據目前的規劃，這一頁每個人的資訊只有「群組」和「姓名」而已，因此可以將每個人的資料設定兩個關鍵字：「groups」和「name」。現在開始來建立要顯示的聯絡人資料庫。

在建立之前得規劃一下資料該儲存在什麼地方，一般在設計上有些常用的原則：

- 資料和顯示畫面能夠脫勾，因為在實務上畫面的更動是很常發生的事，因此將資料和顯示畫面分離是相當重要的一個概念。

- 資料能在各個畫面中共用，一般來說只要是同一份資料出現在各個地方就有可能出現需要在各個複本間資料同步的問題，因此如果資料沒有必要有多個複本的話，共用同一份資料可以省去許多麻煩。

將資料庫放在「全域」或許是一個選擇，不過在習慣上要避免將資料放在全域變數中，至於為什麼儘量不使用全域變數，許多進階的程式設計課程都會做進一步地介紹，本書就不多做討論，不過如果不放全域的話，有什麼好地方是合適的呢？

關於這個問題，因為 iOS 設計架構的關係，放在哪都可以，不過就方便性來說，iOS 內建可以取得「應用程式代理人」(AppDelegate) 的方法，所以把資料庫的資料放在「應用程式代理人」裏會是個不錯的選擇，因為「應用程式代理人」和整個程式的生命週期幾乎相同，所以很適合拿來放這類性質的變數，此外有另一種叫做 Sigleton 的 Design Patent 也常用來解決這類的問題，不過 Sigleton 屬於較進階的議題，因此就留給有興趣的讀者自行研究。

在目前程式中的「應用程式代理人」就是「addressbookAppDelegate」這個類別，它的宣告和實作檔分別是「addressbookAppDelegate.h」、「addressbookAppDelegate.m」這兩個檔案，請打開這兩個檔來建立資料庫。

首先在 addressbookAppDelegate 類別的定義檔「addressbookAppDelegate.h」中加入一個變數 addressBook，型別是「NSMutableArray」，使用以下的程式碼來宣告這個變數：

```
NSMutableArray * addressBook;
```

當宣告完變數後，接下來在實作檔「addressbookAppDelegate.m」的「application:didFinishLaunchingWithOptions:」中的起始宣告：

```
addressBook = [[NSMutableArray alloc] init];
```

在變數起始後，若不再使用必須要將它釋放，因此在程式的解構式「dealloc」中釋放這個變數：

```
[addressBook release];
```

初步的定義完成後，接下來的動作就是要將一些範例的資料放入 addressBook 中，這樣等會才有資料可以顯示，為了方便管理，請將設定聯絡人的資料全部放到一個函數中設定，並將這個函數取名為「setupAddressBook」。

在這需要一提的地方就是原則上函數的命名並沒有一些嚴格的要求，但是有些關鍵字是大家在 Objective-C 裏的習慣用法，所以基本上還是遵守一下，以免在日後造成混淆，下面列出一些常見的命名規則：

以 init 起始的函數	在 Objective-C 中，以 init 為開頭的函數名稱通常代表類別的建構式，例如「NSMutableArray」的其中一個建構式「initWithCapacity」表示起始「NSMutableArray」時要先起始多少個空間來給元素使用。
以 create 起始的函數	用 C 語言實作的函數庫如 Core Foundation，最後必須配合 CFRelease 函數來釋放所配置的資源，在 Objective-C 實作中偶爾也能見到以 create 為起始的方法，但是並不適用這個規則。 例如：CFBundleCreate()。
以 alloc, new 起始或是名稱中含有 copy 的函數	用於 Objective-C 中，用來配置物件的記憶體，最後必須配合 release 方法來釋放所配置的資源。 例如：alloc, newObject, or mutableCopy。
一般函數的命名規則	以小寫的動詞開頭，後面接名詞第一個字大寫表示要做的事。 例如：doSomething，或是前面提到的 setupAddressBook。

不過上面這些僅是原則，硬要不遵守也是可以的，只是配合大家的慣用法則，對接手的人在閱讀或是維護上都會簡單地多。

方法定義完後，接下來要實作的內容是要為聯絡人加入起始的資料，因為加入資料無非就是建立一筆資料，然後設定資料的各個欄位，當資料筆數很多時，這些設定資料欄位的程式碼會有非常多地重覆，為了簡化目前的範例，我們將每筆資料只有「群組」

和「姓」和「名」這些欄位，因此我們再次建立一個函數「addRecord:group:firstName:last Name」來簡化加入資料的工作。

實作這個函數的工作，首先要做的事就是起始要儲存資料的變數，請將這個變數取名為「record」，而且因為欄位具有「key-value」的屬性，因此使用「NSMutableDictionary」來做資料的儲存方式，並用下列程式碼來起始它：

```
NSMutableDictionary * record = [[NSMutableDictionary alloc] init];
```

由前述的介紹，讀者應該已經知道若變數有使用alloc來起始，必須要記得使用release來釋放目前不用的資源，因為record在方法結束後已經存入聯絡人中，在目前的程式中將不再被使用，所以必須呼叫release將其釋放。

```
- (void) addRecord:(NSMutableArray *)ab group:(NSString *)group firstName:(NSString *)firstName
(NSString *)lastName
{
    NSMutableDictionary * record = [[NSMutableDictionary alloc] init];
    [record release];
}
```

在寫程式中，養成這種對稱呼叫的習慣，將會有助於讓程式比較不容易出錯。

再來就是將各個欄位填入資料中了，我們利用NSMutableDictionary的「setObject:forKey:」設定欄位的值，以下就是這個函數的實作：

```
- (void) addRecord:(NSMutableArray *)ab group:(NSString *)group firstName:(NSString *)firstName
lastName:(NSString *)lastName
{
    NSMutableDictionary * record = [[NSMutableDictionary alloc] init];
    [record setObject:group forKey:@"group"];
    [record setObject:firstName forKey:@"firstName"];
    [record setObject:lastName forKey:@"lastName"];
    [ab addObject:record];
    [record release];
}
```

設計完資料的部分後，接下來的動作就是將資料存入聯絡人中，假設要建立一個有6筆資料的聯絡人，以下就是這段程式碼：

```
- (void) setupAddressBook
{
    [self addRecord:addressBook group:@"Friends" firstName:@"John"   lastName:@"Appleseed"];
    [self addRecord:addressBook group:@"Work"    firstName:@"Kate"   lastName:@"Bell"];
    [self addRecord:addressBook group:@"Friends" firstName:@"Anna"   lastName:@"Haro"];
    [self addRecord:addressBook group:@"Friends" firstName:@"Daniel" lastName:@"Higgins"];
    [self addRecord:addressBook group:@"Work"    firstName:@"David"  lastName:@"Taylor"];
    [self addRecord:addressBook group:@"Friends" firstName:@"Hank"   lastName:@"Zakroff"];
}
```

完成資料的設定函數後，接下來就呼叫這些方法來起始聯絡人資料庫，在 addressBoook 初始化後 (application:didFinishLaunchingWithOptions:) 馬上呼叫以下程式碼：

```
[self setupAddressBook];
```

到目前為止，資料部分大致搞定了，再來就是讓資料顯示出來，不過我們得提供別人拿到 addressBook 的方法才行，因此在「addressbookAppDelegate.h」提供一個讓外面的程式取得 addressBook 的方法「getAddressBook」，請在定義檔中加入以下宣告：

```
- (NSMutableArray *) getAddressBook;
```

在完成宣告後，在實作檔「addressbookAppDelegate.m」進行以下的實作：

```
- (NSMutableArray *) getAddressBook
{
    return addressBook;
}
```

現在可以抓到 addressBook 了，現在接著請回到 ListViewController.m 匯入 addressbookAppDelegate.h 並加入以下程式碼：

```
- (NSMutableArray *) getAddressBook
{
    addressbookAppDelegate * delegate = [[UIApplication sharedApplication] delegate];
    return [delegate getAddressBook];
}
```

這段程式碼讓我們能在目前的程式中取得 addressBook 來使用，因此接下來修改要顯示的表格內容，參照前一章的說明，新的程式碼如下：

```objc
- (NSInteger)numberOfSectionsInTableView:(UITableView *)tableView {
    // Return the number of sections.
    return 1;
}

- (NSInteger)tableView:(UITableView *)tableView numberOfRowsInSection:(NSInteger)section {
    // Return the number of rows in the section.
    return [[self getAddressBook] count];
}

- (UITableViewCell *)tableView:(UITableView *)tableView cellForRowAtIndexPath:(NSIndexPath *)indexPath {

    static NSString *CellIdentifier = @"Cell";

    UITableViewCell *cell = [tableView dequeueReusableCellWithIdentifier:CellIdentifier];
    if (cell == nil) {
        cell = [[[UITableViewCell alloc] initWithStyle:UITableViewCellStyleDefault reuseIdentifier:CellIdentifier] autorelease];
    }

    NSMutableDictionary * record = [[self getAddressBook] objectAtIndex:indexPath.row];
    NSString * firstName = [record objectForKey:@"firstName"];
    NSString * lastName = [record objectForKey:@"lastName"];
    // Configure the cell...
    cell.textLabel.text = [NSString stringWithFormat:@"%@ %@", firstName, lastName];

    return cell;
}
```

完成上面的程式碼後，執行一下程式看一下結果，原來空白的畫面會變成如圖7-11的樣子。

■ 圖 7-11

讀者會發現所有的畫面都是顯示同樣的內容，也就是所有的資料都被顯示出來，會造成這樣的結果是因為在建立表格內容時，並沒有進行適當的過濾，至於要如何進行資料過濾，我們將這個工作交給讀者來練習，接下來的工作是繼續強化這個畫面的資料，希望顯示的畫面能更接近原來的規劃，在原來規劃中，資料是按照「姓」來分類，而且畫面的右方還有索引列，接下來就來完成這兩個功能。

索引列必須要配合資料分區來使用，因此先來對資料依字母來分區，因為總共有26個英文字母，因此在 ListViewController.m 中利用：

> numberOfSectionsInTableView:

將資料設定成 26 個分區，再來就是利用：

> sectionIndexTitlesForTableView:

和

> tableView:titleForHeaderInSection:

依照為每個分區決定這些分區的標題和索引，最後則是利用：

> tableView: numberOfRowsInSection:

和

> tableView: cellForRowAtIndexPath:

為每個分區決定資料筆數和要顯示的資料，以下就是完成這些設定後的程式碼：

```
#define INDEX_ARRAY [NSArray arrayWithObjects:@"A", @"B", @"C", @"D", @"E", @"F", @"G", \
@"H", @"I", @"J", @"K", @"L", @"M", @"N", @"O", @"P", @"Q", @"R", @"S", @"T", @"U", @"V", \
@"W", @"X", @"Y", @"Z", nil]

- (NSInteger)numberOfSectionsInTableView:(UITableView *)tableView {
    // Return the number of sections.
    return 26;
}

- (NSArray *)sectionIndexTitlesForTableView:(UITableView *)tableView
{
```

```
    return INDEX_ARRAY;
}


- (NSString *)tableView:(UITableView *)tableView titleForHeaderInSection:(NSInteger)section
{
    if(section == 0 || section == 1 || section == 7 || section == 19 || section == 25)
        return [INDEX_ARRAY objectAtIndex:section];
    else
        return nil;
}


- (NSInteger)tableView:(UITableView *)tableView numberOfRowsInSection:(NSInteger)section {
    // Return the number of rows in the section.
    if(section == 0 || section == 1 || section == 19 || section == 25)
    {
        return 1;
    }
    else if (section == 7)
    {
        return 2;
    }
    else
    {
        return 0;
    }
}


// Customize the appearance of table view cells.
- (UITableViewCell *)tableView:(UITableView *)tableView cellForRowAtIndexPath:(NSIndexPath *)
indexPath {

    static NSString *CellIdentifier = @"Cell";

    UITableViewCell *cell = [tableView dequeueReusableCellWithIdentifier:CellIdentifier];
    if (cell == nil) {
        cell = [[[UITableViewCell alloc] initWithStyle:UITableViewCellStyleDefault
reuseIdentifier:CellIdentifier] autorelease];
    }

    //下面的判斷式是為了要依據目前的資料結構抓出正確的欄位
    int recodeIndex = -1;
    if(indexPath.section == 0)
```

```
{
    if(indexPath.row == 0)
    {
        recodeIndex = 0;
    }
}
else if(indexPath.section == 1)
{
    if(indexPath.row == 0)
    {
        recodeIndex = 1;
    }
}
else if(indexPath.section == 7)
{
    if(indexPath.row == 0)
    {
        recodeIndex = 2;
    }
    else if(indexPath.row == 1)
    {
        recodeIndex = 3;
    }
}
else if(indexPath.section == 19)
{
    if(indexPath.row == 0)
    {
        recodeIndex = 4;
    }
}
else if(indexPath.section == 25)
{
    if(indexPath.row == 0)
    {
        recodeIndex = 5;
    }
}

if(recodeIndex >= 0)
{
    //將正確的資料取出
    NSMutableDictionary * record = [[self getAddressBook] objectAtIndex:recodeIndex];
```

```
    NSString * firstName = [record objectForKey:@"firstName"];
    NSString * lastName = [record objectForKey:@"lastName"];
    // Configure the cell...
    cell.textLabel.text = [NSString stringWithFormat:@"%@ %@", firstName, lastName];
  }

  return cell;
}
```

因為目前處理的資料只有6筆，因此上面的程式碼我們使用土法煉鋼的方式來讓讀者
能夠對表格視圖的分類和索引的使用方式能更進一步地了解，完成上述程式碼後，程
式執行的結果將會如圖7-12所示的樣子。

■圖7-12

如何，是否和原先的規劃有九成相似了呢？同樣地，將三個頁面顯示出正確的資料就
留給讀者練習了。

比較細心的讀者應該會發現到，在這個畫面的搜尋功能尚未實作，且由於實作搜尋功
能必須要由整個視圖控制器改起，算是一個不小的工程，所以這部分本書先略過，等
大家以後對iOS的開發有進一步了解時再研究吧。

7.3 小結

本章介紹了 navigation controller 和 table view 兩個相當常見的 UI 元件，navigation controller 相當程度地簡化了程式流程相關的實作，而 table view 則提供了相當實用的資料顯示方法，在這一章中我們還學到了 delegate 的概念，這個概念在 iOS 整個開發過程中幾乎可說是隨處可見，而這個概念更是讓整個 iPhone 程式跑起來順暢無比不可或缺的因素，還有看來很讚但是實作上卻是簡單到不行的過場動畫等等，在這一章中學到的許多觀念對一般的程式開發都是相當實用的，希望各位能夠好好地品嘗一下。

7.4 習題

1. 請問表格視圖要使用什麼方法來得到使用者點選了哪個儲存格？

2. 請問導覽視圖控制器要如何放入新的物件，而這些放入的物件必須是以什麼類別為基礎？

3. 請問該如何為表格的內容建立索引？

4. 請問 iOS 中提供給設計人員存取聯絡人的是什麼類別？

5. 請問在 iOS 的命名慣例中，可修改和不可修改的類別命名方式有何差別？

Chapter 8
實作範例－聯絡人程式 Part-3
(delegate)

本章學習目標：

1. 了解客製化視圖控制器的設計方式。

本章將延續前兩章的範例，製作關於聯絡人詳細資料的頁面，在這一頁中讀者們將對
如何自己設計客製化的頁面有進一步的了解。

Learn more▸

Written by 彭煥閎

○ ○ ○ ○ ○ ○ ● ○ ○ ○ ○ ○ ○ ○ ○

8.1 規劃專屬的畫面內容

在前面兩個範例中已經對視圖控制器、表格視圖控制器和表格視圖進行初步的介紹，相信大家對於這些UI元件已經有了一定程度的了解，在這一章中將開始規劃第三個畫面：詳細資料頁面 (Detail view)，由前幾章的介紹可以知道，第三頁仍然要將一個視圖控制器放入導覽視圖控制器中，因此要將這個畫面顯示出來，第一件事就是建立一個新的視圖控制器。請使用「New File」來建立新的畫面，不過這次建立的設定和前一章略有不同，這次將選用「UIViewController」來建立頁面，而且因為這次必須要客製詳細資料頁面，所以為了方便規劃使用者介面，這次「With XIB for user interface」為必須選取項目。

■ 圖 8-1

除了將這次檔案名稱取為「DetailViewController」外，其餘的步驟皆和上一章相同，完成新增的動作後，整個專案會增加三個檔案，分別是：

- DetailViewController.h

- DetailViewController.m

- DetailViewController.xib

這三個檔案就是這次要修改的目標，尤其是「DetailViewController.xib」這個檔案，因為這一章的重點是要設計自己的頁面，因此大部分的時間將使用interface builder來編輯「DetailViewController.xib」。

在第三頁開工之前，首要工作就是讓第三頁顯示出來，因此必須要找一個適當的地方來讓第三頁出現，依照前兩章的經驗並參考之前的作法：擷取使用者在第二頁的輸入，再參考使用者的輸入來產生第三頁，因此在「ListViewController.m」的開頭使用：

```
#import "DetailViewController.h"
```

將「DetailViewController」的定義匯入即可在「ListViewController.m」中使用「DetailViewController」這個類別，接下來請將焦點移動到「tableView: didSelectRowAtIndexPath:」這個函數，剛剛已經刻意地將第三頁的視圖控制器命名為「DetailViewController」，因此直接依照這個函數內建的提示，將內容修改成：

```
- (void)tableView:(UITableView *)tableView didSelectRowAtIndexPath:(NSIndexPath *)indexPath {
        DetailViewController *detailViewController = [[DetailViewController alloc] initWithNibName:@"DetailViewController" bundle:nil];

        [self.navigationController pushViewController:detailViewController animated:YES];
        [detailViewController release];
}
```

完成上述修改後，若無意外，第三頁會有如圖 8-2 所示的執行結果。

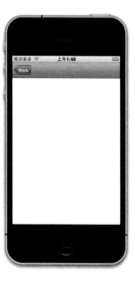

■ 圖 8-2

基本上，因為大部分的事情都還沒有開始，即使畫面是空白的也不需感到太意外，不過左上角的退回鍵已經能正確地標出是從哪一頁進入這個畫面，所以倒是不太需要花費額外的心力去處理返回路徑，而這就是使用自動導覽視圖控制器帶來的好處。

看到目前的畫面，應該直覺地推測到下一步工作就是如何讓這個畫面出現一些規畫的資料，在一開始的規畫中，畫面上應該具有如圖8-3所示的這些資料。

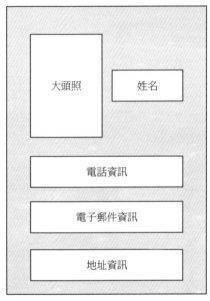

■ 圖 8-3

參照上圖後，關於電話資訊、電子郵件資訊及地址資訊等資料基本上都是允許一筆以上，但是為了簡化範例，本章假設這些資料都只有一筆而已，同時根據這樣的規劃，這些資料將會運用到以下的UI元件：

大頭照	大頭照將使用圖片來表示，因此使用 UIImageView 來處理。
姓名	很單純的文字，使用 UILabel 來處理。
資料欄位	資料的列表，使用 UITableView 來處理。

依據上表的介紹，細心的讀者可能會發現到使用的元件都是視圖元件，它們都是繼承UIView這個類別，接下來會在Interface builder碰到「視圖」和「視圖控制器」兩種元件

來規劃第三頁的畫面，現在請點選「DetailViewController.xib」來切換到 inerface builder 的畫面，同時依照目前的規劃，進行以下步驟：

1. 將 UIImageView 加入畫面中。

2. 將 UILabel 加入畫面中。

3. 將 UITableView 加入畫面中。

4. 將 UIView 加入畫面中。

5. 使用 UIView 元件將 UIImageView 和 UILabel 裝起來。

再將這些元件大致依照圖 8-4 所示的方式排列。完成以上佈局後，執行程式來看看結果如何 (如圖 8-5 所示)。

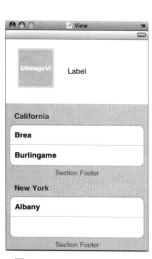

■ 圖 8-4　　　　　　　　　　■ 圖 8-5

執行的結果和預期似乎有點差距，這到底是什麼原因呢？原來是因為許多設定都還沒有設定好，在前一章中是直接使用「表格視圖控制器」，很多和表格相關的設定在畫面建立時就已經自動設定好了，但是這一次是使用「視圖控制器」，然後在 Interface builder 中將「表格視圖」加進來，因此所有和表格相關的設定在這一次都必須自己動手才行，設定表格視圖必須實作兩個重要的協定，這些協定的主要功能是：

UITableViewDelegate	提供表格視圖用來管理、設定表格區段、標題、頁尾等等所需的資訊，同時亦協助管理表格資料的刪除、修改等工作。
UITableViewDataSource	為表格提供顯示的資料。

現在要在定義檔中宣告即將要實作這兩個協定，請打開「DetailViewController.h」將類別的宣告加入這兩個協定：

@interface DetailViewController : UIViewController<UITableViewDelegate, UITableViewDataSource>

宣告完成後，接下來就是要在「DetailViewController.m」進行相關的實作，不過因為整個實作過程頗為冗長，一口氣完成所有的動作會很難理解整個實作的流程，因此必須先製作一些假資料來完成目前的工作，待所有設定都完成後，再將真正的資料補齊。

以下就是要新增的程式碼及說明，不過要注意的是，為了要簡化範例，目前範例的資料筆數都是寫死的，真正實作時的顯示方式仍是以實際的資料筆數來回答：

回報目前的表格擁有三個區段，這些區段將會用來區分電話、電子郵件和地址的資訊：

```
- (NSInteger)numberOfSectionsInTableView:(UITableView *)tableView {
    // Return the number of sections.
    return 3;
}
```

因為在建立的資料中，地址和電話各有兩筆，電子郵件只有一筆，因此回報第一、三個區段的資料數皆為兩筆，因為區段的索引值由0開始，依據設定將一、三區段的索引值設為0和2：

```
- (NSInteger)tableView:(UITableView *)tableView numberOfRowsInSection:(NSInteger)section {
    // Return the number of rows in the section.
    if(section == 0 || section == 2)
    {
        return 2;
    }

    return 1;
}
```

完成以上步驟後，還得將畫面和程式碼進行連結，現在點選「DetailViewController.
xib」將畫面切換到interface builder進行以下動作：

1. 選取「Objects > View > Table View」。

2. 將右邊的訊息面板切換到「Show the Connections inspector」。

3. 將「Outlets」裏的「dataSource」、「delegate」連結到Placeholders裏的「File's owner」。

在第三個步驟中的「File's Owner」在這指的就是「DetailViewController」這個類別，這
個值也可以自行設定，用來表示將要使用哪一個類別來管理或是接收來自這個畫面的
訊息。

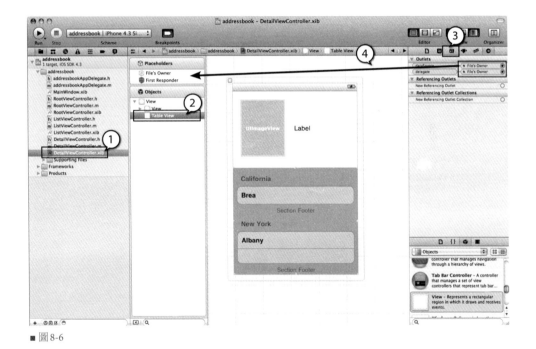

■ 圖 8-6

接下來完成表格視圖的必要方法tableView:cellForRowAtIndexPath:

```
- (UITableViewCell *)tableView:(UITableView *)tableView cellForRowAtIndexPath:(NSIndexPath *)
indexPath
{
  static NSString *CellIdentifier = @"Cell";
```

```
UITableViewCell *cell = [tableView dequeueReusableCellWithIdentifier:CellIdentifier];
if (cell == nil) {
      cell = [[[UITableViewCell alloc] initWithStyle:UITableViewCellStyleDefault
reuseIdentifier:CellIdentifier] autorelease];
}

return cell;
}
```

完成以上設定後，初步的設定已經完成，來看一下現在的結果如何(如圖8-7所示)。

■ 圖8-7

看起來似乎有點進展了，對嗎？

接下來試看看要如何將真正的資料帶入這個畫面中。

要將資料帶入這個畫面，首先必須知道使用者到底是選了誰，如此才能將他的資料拿出來，請回到ListViewController.m中可以收集使用者輸入的地方：

ListViewController的tableView:didSelectRowAtIndexPath: 方法

為了簡化資料的擷取，所以固定抓取資料庫中的第一筆資料，請在這個方法中加入下面這一行程式：

```
NSMutableDictionary * record = [[self getAddressBook] objectAtIndex:0];
```

抓取資料後得將這個資料傳入DetailViewController中，因此我們在DetailViewController
中加入一個變數information來接收這個值，請執行以下步驟來完成這個工作：

1. 在「DetailViewController.h」中加入變數宣告：

```
NSMutableDictionary * information;
```

2. 在「DetailViewController.h」宣告一個屬性information：

```
@property (nonatomic, retain) NSMutableDictionary * information;
```

3. 在「DetailViewController.m」將變數information和屬性information進行連結和最後 要釋放資源：

```
@synthesize information;

    self.information = nil;
```

底下為「DetailViewController.h」修改完的結果：

```
@interface DetailViewController : UIViewController<UITableViewDelegate, UITableViewDataSource>
{

    NSMutableDictionary * information;

}

@property (nonatomic, retain) NSMutableDictionary * information;
@end
```

底下是「DetailViewController.m」中新增的片段程式碼：

```
@implementation DetailViewController
@synthesize information;

- (void)dealloc
{
    self.information = nil;
    [super dealloc];
}
```

接下來完成上面設定後回到剛剛的「tableView:didSelectRowAtIndexPath:」將變數record
交給DetailViewController，此時這個函數的內容將會變成：

```
- (void)tableView:(UITableView *)tableView didSelectRowAtIndexPath:(NSIndexPath *)indexPath {
        DetailViewController *detailViewController = [[DetailViewController alloc] initWithNibN
ame:@"DetailViewController" bundle:nil];

    NSMutableDictionary * record = [[self getAddressBook] objectAtIndex:0];
    detailViewController.information = record;

        [self.navigationController pushViewController:detailViewController animated:YES];
        [detailViewController release];
}
```

完成上述步驟後，在「DetailViewController」中就可以順利地知道使用者所選的聯絡人
資訊了，因此現在可以在「DetailViewController」中將這些資料顯示出來。

在第二頁範例時建立了一個資料庫，但是當時的資料只有儲存姓、名和群組的資料，
現在的範例需要新的資訊，因此必須再加些資料進去才能繼續這一頁的工作，請修改
addressbookAppDelegate的「addRecord:group: lastName:」函數並加入新的測試資料：

```
- (void) addRecord:(NSMutableArray *)ab group:(NSString *)group firstName:(NSString *)firstName
lastName:(NSString *)lastName
{
    NSMutableDictionary * record = [[NSMutableDictionary alloc] init];
    [record setObject:group forKey:@"group"];
    [record setObject:firstName forKey:@"firstName"];
    [record setObject:lastName forKey:@"lastName"];

    //提供第三頁需要的假資料
    NSString * address1 = [NSString stringWithFormat:@"%@ %@'s address 1", firstName, lastName];
    NSString * address2 = [NSString stringWithFormat:@"%@ %@'s address 2", firstName, lastName];
    NSString * email   = [NSString stringWithFormat:@"%@ %@'s email",    firstName, lastName];
    NSString * phone1  = [NSString stringWithFormat:@"%@ %@'s phone 1",  firstName, lastName];
    NSString * phone2  = [NSString stringWithFormat:@"%@ %@'s phone 2",  firstName, lastName];

    [record setObject:address1 forKey:@"address1"];
    [record setObject:address2 forKey:@"address2"];
    [record setObject:email    forKey:@"email"];
    [record setObject:phone1   forKey:@"phone1"];
    [record setObject:phone2   forKey:@"phone2"];
```

```
   [ab addObject:record];
   [record release];
}
```

增加完上面的測試資料後，接下來只要修改 DetailViewController 的「tableView:cellForR
owAtIndexPath:」就可以將資料顯示出來了，以下是修改後的程式碼：

```
- (UITableViewCell *)tableView:(UITableView *)tableView cellForRowAtIndexPath:(NSIndexPath *)
indexPath
{

   static NSString *CellIdentifier = @"Cell";

   UITableViewCell *cell = [tableView dequeueReusableCellWithIdentifier:CellIdentifier];
   if (cell == nil) {
     cell = [[[UITableViewCell alloc] initWithStyle:UITableViewCellStyleDefault
reuseIdentifier:CellIdentifier] autorelease];
   }

   if(indexPath.section == 0)
   {
     //填寫電話資訊
     if(indexPath.row == 0)
     {
       cell.textLabel.text = [self.information objectForKey:@"address1"];
     }
     else
     {
       cell.textLabel.text = [self.information objectForKey:@"address2"];
     }
   }
   else if(indexPath.section == 1)
   {
     //填寫電子郵件資訊
     cell.textLabel.text = [self.information objectForKey:@"email"];
   }
   else if(indexPath.section == 2)
   {
     //填寫電話資訊
     if(indexPath.row == 0)
     {
```

```
        cell.textLabel.text = [self.information objectForKey:@"phone1"];
    }
    else
    {
        cell.textLabel.text = [self.information objectForKey:@"phone2"];
    }
}

return cell;
}
```

完成後來看一下執行的結果，如圖 8-8 所示。

■ 圖 8-8

現在電話、電子郵件和地址資訊的測試都已經完成，接下來要做的事就是將大頭照和姓名顯示出來，如果各位有注意到的話，其實大頭照和姓名資訊的背景是要和表格一樣的，一般來說這種狀況有種常見的解法，就是將大頭照和姓名這個區塊的背景使用和表格視圖一樣的背景，但是這種解法很容易不小心就出現背景圖和背景圖之間存有「接縫」的情況，運氣好的話可能會看不出來，但是為了尋求更完美的背景，我們希望大頭照和姓名這個區塊可以是表格視圖的一部分，這樣就不用擔心背景不連貫的問題了。

為了完成這個目標，我們必須採用小技巧來解決這個問題，首先要利用表格視圖的「tableHeaderView」屬性，這個屬性可以想像成是一個表格的標題，因此只要能將大頭照和姓名這個視圖變成表格視圖的「tableHeaderView」，這個問題就能迎刃而解了，接下來需要進行以下的動作來完成這個目標：

在「DetailViewController.h」中宣告要和UI連結的變數，底下是需要新增的變數：

```
IBOutlet UITableView  * table;
IBOutlet UIView       * header;
IBOutlet UIImageView  * photo;
IBOutlet UILabel      * name;
```

接下來的動作就是打開Interface Builder並將視圖中的元件和這4個變數連結，此外還有一個特別的動作，因為現在大頭照和姓名必須是表格的一部分，所以這次必須將表格視圖的大小拉大成整個畫面的大小。

選取Table View，將其放大至整個畫面大小，並用滑鼠拖拉「Referencing Outlets」下方的「New Referencing Outlet」，將它連接到table。

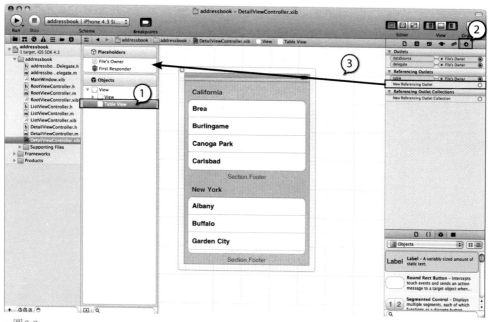

■ 圖 8-9

選取 View，並將它連接到 header。

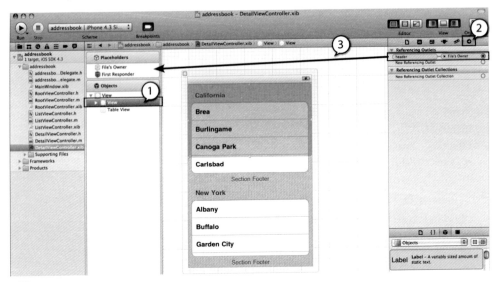

■ 圖 8-10

切換面板至「Show the Attributes inspector」，將 View 的背景設定成透明。

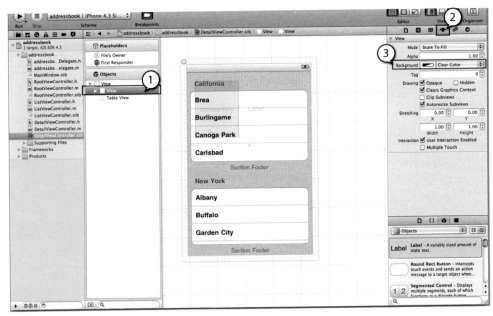

■ 圖 8-11

將 View 展開，選取 Label 並將 Label 連結到 name。

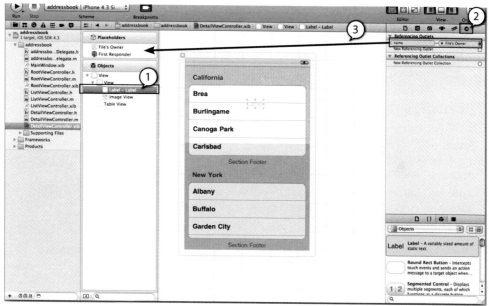

■ 圖 8-12

選取 Image view，將它連接到 photo。

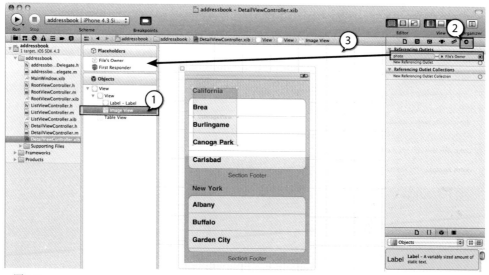

■ 圖 8-13

到目前為止，程式和UI的連結大致上算是完成了，接著就是將大頭照和姓名顯示出來，不過因為大頭照是一張圖片，為了測試，需要匯入一張圖到專案裏，請參考前面章節的介紹來匯入，假設各位已經匯入了一張名為「photo.png」的圖。

接下到回到DetailViewController程式碼中，在代表視圖完成載入的「viewDidLoad」方法中加入以下程式碼：

```
- (void)viewDidLoad
{
    [super viewDidLoad];
    photo.image = [UIImage imageNamed:@"photo.png"];
    NSString * firstName = [self.information objectForKey:@"firstName"];
    NSString * lastName = [self.information objectForKey:@"lastName"];
    name.text = [NSString stringWithFormat:@"%@ %@", firstName, lastName];
    table.tableHeaderView = header;
}
```

完成後執行程式看看結果，如圖8-14所示。

■ 圖8-14

和規劃中的畫面已經相當地接近了，對吧？

到目前為止，聯絡人範例算是告一個段落了，經過了這三個章節的練習，相信各位讀者對於「視圖」、「視圖控制器」、「表格視圖」、「表格視圖控制器」、「導覽視圖控制器」等幾個常用的元件已經有更深入的了解，介紹的過程中簡化了許多步驟，這些步驟就有待想更深入了解的讀者自行研究了。

也許有些讀者會覺得這幾章的工作看起來似乎有點小題大作，但是這一切的練習其實是為了接下來的工作做準備，在了解這些元件的基本概念和行為之後，主菜該上桌了，在接下來的章節將會介紹系統聯絡人的功能，相信經過這三章的練習後，再來的練習應該能駕輕就熟才是。

8.2 小結

在這一章中我們介紹了客製畫面最重要的工作：由一個最基本的 view controller 開始打造一個完整的畫面，在這一章中我們只使用了影像（UIImageView）、文字（UILabel）和資料（UITableView）相關等等的元件，但是這些觀念和加入其它 UI 元件基本上是共通了，了解這些原則，加入其它元件也只是比照辦理而已，接下來需要精進的地方就是進一步地了解各個元件的功能和使用時機是什麼，讀者們可以參考前面章節關於 UI 元件的介紹，依自己的需求來加入元件，精通各種元件的選擇和使用往往也是老手和新手最大的差別之一，經過這幾章下來的練習，基本上許多應用程式都已經有能力上手了，接下來我們將朝向更進階的主題來討論 iOS 的開發。

8.3 習題

1. 請問若想要一個完全客製化的畫面，該使用何種類別？

2. 請問若想要在畫面中顯示一張圖片，該使用何種類別？

3. 請說明關鍵字 IBOutlet 的功能是什麼？

4. 請問要提供表格視圖顯示的資料，必須要實作何種介面？

5. 請問要使用 interface builder 檔案的附檔名是什麼？

Chapter 9
實作範例－聯絡人程式 Part-4
(address book)

本章學習目標：

1. 了解系統內建聯絡人的使用方式。

2. 了解 Address book framework。

3. 了解 Address book UI framework。

經過前三章的介紹，該是使用系統聯絡人的時機了，系統聯絡人可以抓取系統內建的應用程式「聯絡資訊」內的資訊，這一章中將以漸進的方式，介紹系統提供用來存取聯絡人資料的 Address book framework 和 Address book UI framework。

Learn more▸

Written by 彭煥閔

9.1 Quick Start

這一小節將建立一個簡單的教學，讓畫面能顯示一個對話盒，讓使用者選擇某個聯絡人，然後將該聯絡人的名字顯示在畫面上。

9.1.1 建立專案

1. 以「View Based Application」樣版建立一個新專案，並取名為「QuickStart」。

2. 接下來加入需要的 framework。請至 TARGET 選取 QuickStart，然後選取 Build Phases 中的 Link Binary With Libraries。

3. 加入 Address Book 和 Address Book UI framework。

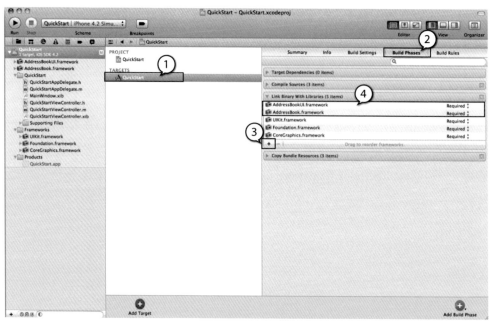

■ 圖 9-1

9.1.2 規劃使用者介面

1. 點選 QuickStartViewController.xib 來啟動 Interface Builder。

2. 加入一個button和兩個label，將它們依照圖9-2的方式排列。

3. 儲存檔案。

■ 圖9-2

現在已經將使用者介面設計完成，接下來要做的事就是撰寫一些程式碼來和使用者介面進行連結。

9.1.3 修改定義檔

請將下面的程式碼加入「QuickStartViewController.h」，這些程式碼將會和剛剛建立的使用者介面進行連結：

- **和label連結的outlets**。
- **和button 連結的 action**。

此外也宣告視圖控制器將會實作協定「ABPeoplePickerNavigationControllerDelegate」，接下來將會進行這個協定的實作。

```
#import <UIKit/UIKit.h>
#import <AddressBook/AddressBook.h>
#import <AddressBookUI/AddressBookUI.h>

@interface QuickStartViewController : UIViewController
<ABPeoplePickerNavigationControllerDelegate>
{
    IBOutlet UILabel *firstName;
    IBOutlet UILabel *lastName;
}

@property (nonatomic, retain) UILabel *firstName;
@property (nonatomic, retain) UILabel *lastName;

- (IBAction) showPicker:(id)sender;

@end
```

9.1.4 修改實作檔

將以下的程式碼加入實作檔「QuickStartViewController.m」，下面的程式碼將會進行以下工作：

- 為 firstName 和 lastName 屬性合成存取函數。

- 實作「showPicker:」函數並產生一個選取聯絡人的畫面，同時設定它的代理人，最後將這個畫面以 modal view controller 的方式呈現。

基本上 modal view controller 指的並不是一般的視圖控制器，而是指一種顯示視圖控制器的方式，當一個視圖控制器以 modal 的方式出現時，稱這個視圖控制器是一種 modal view controller，這時出現的視圖控制器會暫時中斷目前程式的工作流程，而專注於目前視圖控制器所交辦的工作，modal view controller 通常用來收集使用者的輸入或是展示某些訊息給使用者。

```
- (IBAction)showPicker:(id)sender
{
    ABPeoplePickerNavigationController * picker = [[ABPeoplePickerNavigationController alloc]
```

```
init];
    picker.peoplePickerDelegate = self;
    [self presentModalViewController:picker animated:YES];
    [picker release];
}
```

接下繼續實作「ABPeoplePickerNavigationControllerDelegate」，協定的方法及說明如下：

peoplePickerNavigationControllerDidCancel:	當使用者按下Cancel時會呼叫這個函數，通常會在這個函數中解除選取聯絡人的畫面。
peoplePickerNavigationController: shouldContinueAfterSelectingPerson:	當使用者選取了一個人名後，將會呼叫這個函數，可以在這個函數內取得被選取人的資訊。 如果在這個函數回傳YES的話，接著會跳出聯絡人的詳細資料，若回傳NO則是無動作。
peoplePickerNavigationController: shouldContinueAfterSelectingPerson:property: identifier:	當使用者選取了聯絡人的某項屬性後，將會呼叫這個函數。 當這個函數回傳YES時，接下來會直接啟動和這個屬性相關的動作，例如：打電話等等，回傳NO則是無動作。

因為這三個函數都被定義成是「required」的函數，因此必須對這三個函數都進行實作。

```
- (void)peoplePickerNavigationControllerDidCancel:(ABPeoplePickerNavigationController *)
peoplePicker
{
    [self dismissModalViewControllerAnimated:YES];
}

- (BOOL)peoplePickerNavigationController:(ABPeoplePickerNavigationController *)peoplePicker s
houldContinueAfterSelectingPerson:(ABRecordRef)person
{
    NSString* name = (NSString *)ABRecordCopyValue(person, kABPersonFirstNameProperty);
    self.firstName.text = name;
    [name release];
    name = (NSString *)ABRecordCopyValue(person, kABPersonLastNameProperty);
    self.lastName.text = name;
    [name release];
    [self dismissModalViewControllerAnimated:YES];
    return NO;
}
```

在目前的範例中永遠會解除選取對話盒，因此使用者沒有機會選到聯絡人的屬性，但由於這個函數被規定要實作，因此簡單地回覆NO即可。

```
- (BOOL)peoplePickerNavigationController:(ABPeoplePickerNavigationController *)peoplePicker shouldContinueAfterSelectingPerson:(ABRecordRef)person property:(ABPropertyID)property identifier:(ABMultiValueIdentifier)identifier
{
    return NO;
}
```

最後需要釋放不再使用的物件：

```
- (void)dealloc
{
    self.firstName = nil;
    self.lastName = nil;
    [super dealloc];
}
```

一般來說，釋放一個物件會使用：

[物件 release];

但是此處的release並不是指將物件所佔用的記憶體釋放，而是宣稱不再使用這個物件，然後將這個物件的參考計數減1，當物件的參考計數為0的時候，這個物件所佔有的記憶體就會被釋放，關於參考計數的概念在後面的章節會做進一步地介紹。

在這個範例中使用

屬性 = nil;

的方式來讓這個屬性參考計數減1，因為在宣告這個範例的屬性時使用了「retain」這個關鍵字，因此系統會自動將上式轉譯成二個步驟：

1.將和屬性連結的變數(在這個範例是一個物件)的參考計數減1。

2.將屬性重新指定成nil。

所以只要將屬性指定成nil，間接地就等於呼叫了以下兩行程式：

```
[firstName release];
[lastName release];
```

9.1.5 和 Interface Builder 進行聯結

在前面已經使用 Interface Builder 規畫好畫面，現在請依下面的步驟將畫面和程式進行連結：

1. 點選 QuickStartViewController.xib 來啟動 Interface Builder。

2. 點選 File Owner 然後在 Identity inspector (點選 Show the Identity inspector 後出現的面板) 中確定 File Owner 的 Class 是 QuickStartViewController，基本上這個值若沒有刻意修改的話應該會是內定值。

3. 將標籤 First Name 和 Last Name 連結到 File Owner 裏的 outlet firstName 和 lastName (即在定義檔中以 IBOutlet 為開頭的變數)。

4. 選取「點我」按鈕，然後將「Touch Up Indside」連結到 File Owner 的 showPicker (在我們定義檔中以 IBAction 為開頭的函數)。

5. 儲存 xib 檔案。

> 關於如何對 outlet 和 action 進行連結的工作，請參考前面章節的介紹。

9.1.6 建置和執行應用程式

當執行程式之後，讀者們會看到一個按鈕和兩個文字，點選按鈕將會帶出一個對話盒來選取聯絡人，當選取完聯絡人，對話盒將會消失，然後剛剛選取聯絡人的姓名將會出現在標籤上。

9.2 使用 Record 和 Property

在和聯絡人資料庫互動之前有四個重要的物件是需要了解的，這四個物件是：

- **通訊錄** (Address books)。
- **記錄** (Records)。
- **單值屬性** (Single-value properties)。
- **多值屬性** (Multivalue properties)。

在這一節將會介紹這些物件，也會介紹和這些物件互動的函數。

9.2.1 通訊錄（Address books）

通訊錄提供存取聯絡人資料庫的一個管道，若要使用通訊錄，請宣告一個 ABAddressBookRef 的變數，然後將它設定為 ABAddressBookCreate 函數建立物件的回傳值，程式可以建立多個通訊錄的物件，但是它們會共享同一個聯絡人的資料庫。

> ABAddressBookRef 的物件無法在多執行緒的環境下使用，因此請為每個執行緒建立自己的物件。

當通訊錄物件建立之後，應用程式即可讀取它的資料，也可以修改儲存它的資料，以下是程式中會用到的函數和功能：

ABAddressBookSave	儲存變更的資料
ABAddressBookRevert	放棄修改，回復資料。
ABAddressBookHasUnsavedChanges	檢查是否有尚未儲存的修改。

下面的程式碼示範了上述函數及物件的使用方法：

```
ABAddressBookRef addressBook;
CFErrorRef error = NULL;
BOOL wantToSaveChanges = YES;
addressBook = ABAddressBookCreate();
```

```
/* 進行和通訊錄相關的操作 */

if(ABAddressBookHasUnsavedChanges(addressBook))
{
    if(wantToSaveChanges)
    {
        ABAddressBookSave(addressBook, &error);
    }
    else
    {
        ABAddressBookRevert(addressBook);
    }
}

if(error != nil)
{
    //處理錯誤的狀況
}

CFRelease(addressBook);
```

當其他的應用程式修改聯絡人資料庫時，應用程式可以要求取得變更的通知，舉個例來說，當程式正好在顯示聯絡人資料時，若想要即時地顯示聯絡人的更新，這時就可以註冊聯絡人更新的通知，請使用下面函數來處理註冊的工作：

ABAddressBookRegisterExternalChangeCallback	註冊通知，回傳的函數型態是 ABExternalChangeCallback
ABAddressBookUnregisterExternalChangeCallback	取消註冊。

9.2.2 記錄（Records）

在通訊錄資料庫中，資訊以記錄 (Record) 的方式儲存，程式可以透過 ABRecordRef 物件來存取它，每一個記錄代表一個人 (Personal Record) 或是一個群組 (Group Record)。程式中可以利用 ABRecordGetRecordType 的回傳值來得知目前的記錄是什麼，回傳值的型態及說明如下：

kABPersonType	記錄代表的是一個人。
kABGroupType	記錄代表的是一個群組。

Record 無法跨越執行緒，若想要將 Record 跨出目前執行緒，只能透過 Record 的 indenifier 來傳遞。

記錄儲存了一系列的屬性，群組和個人的記錄擁有的屬性是不同的，程式可以用下列函數來修改這些屬性：

ABRecordCopyValue	取得屬性。
ABRecordSetValue	設定屬性。
ABRecordRemoveValue	移除屬性。

▲ 個人記錄 (Personal Records)

個人記錄由單值 (single-value) 和多值 (multivalue) 屬性所組成，只能擁有一個值的屬性如姓、名等會使用單值的方式儲存，其他如地址、電話等可以擁有多個資料，會以多值的方式來儲存。

▲ 群組記錄 (Group Records)

程式可以將聯絡人以群組的方式組織起來，例如將同事放在同一個群組，社團成員放在同一個群組等等，應用程式可以依群組來進行一致的動作，舉個例來說，程式可以一次寄信給某個群組內所有的聯絡人。

群組只有一個屬性：kABGroupNameProperty，也就是群組的名稱。程式可以使用 ABGroupCopyArrayOfAllMembers 或是 ABGroupCopyArrayOfAllMemberWithSortingOrdering 來取得群組的內容。

9.2.3 屬性（Properties）

屬性基本上分為兩大類，單值 (single-value) 屬性和多值 (multivalue) 屬性。單值屬性的資料僅含有一個值，多值屬性則是含有多個值，如電話資訊等。

▲ 單值屬性 (Single-Value Properties)

下面的程式碼示範了如何存取單值屬性的方法：

```
ABRecordRef aRecord = ABPersonCreate();
CFErrorRef anError = NULL;

ABRecordSetValue(aRecord, kABPersonFirstNameProperty, CFSTR("Katie"), &anError);
ABRecordSetValue(aRecord, kABPersonLastNameProperty, CFSTR("Bell"), &anError);
if (anError != NULL)
{
    //錯誤發生時的處理。
}

CFStringRef firstName, lastName;
firstName = ABRecordCopyValue(aRecord, kABPersonFirstNameProperty);
lastName  = ABRecordCopyValue(aRecord, kABPersonLastNameProperty);

// 處理姓和名的資料。

CFRelease(aRecord);
CFRelease(firstName);
CFRelease(lastName);
```

▲ 多值屬性 (Multivalue Properties)

多值屬性由一系列的值 (Value) 所組成，每一個值都有一個標籤 (Label) 和一個辨識元 (Identifier，ID) 與之連結。一個文字標籤可以擁有一個以上的值，但是辨識元是獨一無二的。

舉例來說，圖 9-3 顯示了電話號碼的屬性，在這個例子中，一個人擁有多個電話號碼 (Value)，而每個號碼都有一個對應的標籤 (Label) 和辨識元 (ID)，要注意的是，在這個例子中住家電話有兩筆 (兩個不同的 Value)，它們擁有相同的標籤 (都是 kABHomeLabel) 但是辨識元是不同的 (分別為 3 和 9)。

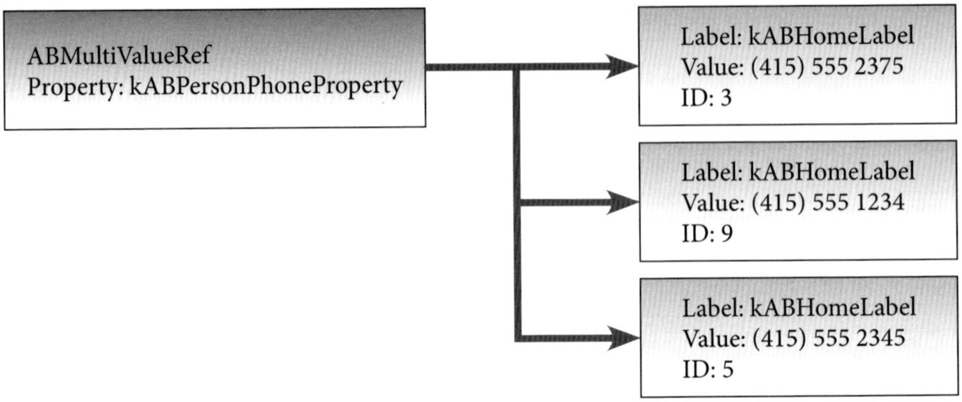

■ 圖9-3

一般來說，我們會依情況利用索引值 (Index) 或是辨識元 (ID) 來取得多值屬性裏的值，同時利用下面兩個標籤在 Index 和 ID 之間切換。

- **ABMultiValueGetIndexForIndentifier**

- **ABMultiValueGetIndentifierAtIndex**

程式通常會使用 ID 來記住多值屬性的值，Index 則會因為值的新增或是刪除而變動，所以使用 ID 可以確保想要的參考值的一致性。

下面提到的函數提供我們存取值的方法：

ABMultiValueCopyLabelAtIndex ABMultiValueCopyValueAtIndex	讀取單一值
ABMultivalueCopyArrayOfAllValues	將所有的值拷貝到一個陣列中。

▲ 可變的多值屬性 (Mutable Multivalue Properies)

一般的多值屬性是不能被修改的，若要有可修改的屬性我們必須另外使用 ABMultiValueCreateMutableCopy 製作一份可修改的版本，或直接使用 ABMultiValueCreateMutable 來產生一個可以修改的多值屬性，下表列出了修改這些值的方法：

新增	ABMultiValueAddValueAndLabel
	ABMultiValueInsertValueAndLabelAtIndex
修改	ABMultiValueReplaceValueAtIndex
	ABMultiValueReplaceLabelAtIndex
刪除	ABMultiValueRemoveValueAndLabelAtIndex

下面的範例介紹了如何存取多值屬性的方法：

```
ABMultiValueRef multi = ABMultiValueCreateMutable(kABMultiStringPropertyType);
CFErrorRef anError = NULL;

ABMultiValueIdentifier multivalueIdentifier;
bool didAdd = ABMultiValueAddValueAndLabel(multi,@"(555) 555-1234", kABPersonPhoneMo-
bileLabel, NULL)
&& ABMultiValueAddValueAndLabel(multi, @"(555) 555-2345", kABPersonPhoneMainLabel,
&multivalueIdentifier);

if(didAdd != YES) { /*進行錯誤處理*/ }

ABRecordRef aRecord = ABPersonCreate();
ABRecordSetValue(aRecord, kABPersonPhoneProperty, multi, &anError);
if (anError != NULL) { /*進行錯誤處理*/ }
CFRelease(multi);

CFStringRef phoneNumber, phoneNumberLabel;
multi = ABRecordCopyValue(aRecord, kABPersonPhoneProperty);

for (CFIndex i = 0; i < ABMultiValueGetCount(multi); i++)
{
    phoneNumberLabel = ABMultiValueCopyLabelAtIndex(multi, i);
    phoneNumber     = ABMultiValueCopyValueAtIndex(multi, i);

    /* 處理和    phoneNumberLabel 和    phoneNumber 相關的事*/

    CFRelease(phoneNumberLabel);
    CFRelease(phoneNumber);
}

CFRelease(aRecord);
CFRelease(multi);
```

9.3 與使用者互動：使用 Address Book UI Framework

Address Book UI framework提供了三種視圖控制和一個導覽視圖控制器來讓我們處理和聯絡人相關的資料，善用這些內建的元件來撰寫程式，可以大幅降低程式的複雜度，更重要的是使用這些元件來開發程式，能夠提供給使用者更一致的使用者經驗。

接下來將介紹這些元件的使用方法。

9.3.1 有什麼是可用的？

Address Book UI framework提供了許多視圖控制器供我們使用，下面是這些視圖控制器的介紹：

名稱	類別	說明
聯絡人選單 (People picker)	ABPeoplePickerNavigationController	顯示一個畫面，讓使用者能從聯絡人列表中選取一個聯絡人。
聯絡人視圖控制器 (Person View Controller)	ABPersonViewController	顯示聯絡人的詳細資料，也可以設定成讓使用者能修改本頁的資料，這個畫面稱之為Person view。
新增聯絡人視圖控制器 (New-Person View Controller)	ABNewPersonViewController	讓使用者能新增聯絡人。
未知聯絡人視圖控制器 (Unknown-Person View Controller)	ABUnknownPersonViewController	顯示某人的資料，並提供功能將此人加入聯絡人中。

People picker

Person View Controller

New-Person
View Controller

Unknown-Person
View Controller

■ 圖9-4

在使用這些視圖控制器時，記得一定要指定好它們的代理人 (delegate) 同時將這些介面的函數都實作好，一般來說我們並不會去繼承這些類別來產生子類別而是專注於它們代理人的實作。

9.3.2 顯示畫面來讓使用者選擇聯絡人

聯絡人選單視圖控制器 (ABPeoplePickerNavigationController) 讓使用者能顯示聯絡人的列表並讓他們能選取一位聯絡人，請依照下列步驟來使用聯絡人選單 (people picker)：

1. 建立並初始化這個類別的實體。

2. 設定代理人，代理人必須實作 ABPeoplePickerNavigationControllerDelegate 協定。

3. 利用設定 displayedProperties 來設定要顯示的屬性欄位 (依需求而定)。

4. 利用 presentModalViewController:animated 將「聯絡人選單」顯示出來。

下面的程式碼示範了這個類別使用的方式：

```
ABPeoplePickerNavigationController * picker = [[ABPeoplePickerNavigationController alloc]
init];
picker.peoplePickerDelegate = self;
[self presentModalViewController:picker animated:YES];
[picker release];
```

關於聯絡人選單呼叫代理人的時機，請參考前面小節的介紹。

9.3.3 顯示和修改聯絡人資訊

聯絡人視圖控制器 (ABPersonViewController) 提供顯示和修改聯絡人方法，請依照下列步驟來使用這個類別：

1. 建立並初始化這個類別的實體。

2. 設定代理人，代理人必須實作 ABPersonViewControllerDelegate 協定，若要允許使用者能修改記錄，將 allowsEditing 設定為 YES。

3. 設定 displayedPerson 來決定要顯示哪一筆記錄。

4. 利用設定 displayedProperties 來設定要顯示的屬性欄位 (依需求而定)。

5. 呼叫目前導覽視圖控制器的 pushViewController:animated: 來顯示視圖控制器。

聯絡人視圖控制器必須配合導覽視圖控制器才能夠正常地運作。

下面的程式碼示範了這個類別使用的方式:

```
ABPersonViewController * viewController = [[ABPersonViewController alloc] init];

viewController.personViewDelegate = self;
viewController.displayedPerson = person; /* 假設   people 已經定義 */

[self.navigationController pushViewController:viewController animated:YES];
[viewController release];
```

9.3.4 建立一筆新的聯絡人資料

新增聯絡人視圖控制器 (ABNewPersonViewController) 讓我們能新增一筆聯絡人資料,
請依照下列步驟來使用這個類別:

1. 建立並初始化這個類別的實體。

2. 設定代理人,代理人必須實作 ABNewPersonViewControllerDelegate 協定,設定
   displayedPerson 來顯示欄位,設定 parentGroup 來將新的資料指定為某一個群組。

3. 建立和初始化導覽視圖控制器,將它的根視圖控制器 (root view controller) 設定
   成「新增聯絡人視圖控制器」

4. 利用 presentModalViewController:animated 將「導覽視圖控制器」顯示出來。

新增聯絡人視圖控制器必須配合導覽視圖控制器才能正常運作。

下面的程式碼示範了這個類別使用的方式:

```
ABNewPersonViewController * viewController = [[ABNewPersonViewController alloc] init];
viewController.newPersonViewDelegate = self;

UINavigationController * newNavigationController = [UINavigationController alloc];
[newNavigationController initWithRootViewController:viewController];
[self presentModalViewController:newNavigationController animated:YES];
[viewController release];
[newNavigationController release];
```

9.3.5 由現有資料建立一筆新的聯絡人

未知聯絡人視圖控制器 (ABUnknowPersonViewController) 提供我們由現有聯絡人記錄或是資料中新增一筆聯絡人記錄，請依照下列步驟來使用這個類別：

1. 建立並初始化這個類別的實體。

2. 建立一筆新的聯絡人記錄並將之顯示出來。

3. 設定上述建立記錄的 displayedPerson。

4. 設定代理人，代理人必須實作 ABUnknownPersonViewControllerDelegate 協定。

5. 為了要允許使用者將未知聯絡人加入現有聯絡人或是新增聯絡人中，將 allowsAddingToAddressBook 設定為 YES。

6. 呼叫目前導覽視圖控制器的 pushViewController:animated: 來顯示視圖控制器。

> 未知聯絡人視圖控制器必須配合導覽視圖控制器才能正常運作。

下面的程式碼示範了這個類別使用的方式：

```
ABUnknownPersonViewController * viewController = [[ABUnknownPersonViewController alloc] init];
viewController.unknownPersonViewDelegate = self;
viewController.displayedPerson = person; /* 假設   people 已經定義*/
viewController.allowsAddingToAddressBook = YES;

[self.navigationController pushViewController:viewController animated:YES];
[viewController release];
```

當使用者完成建立或是新增屬性到新的聯絡人後，未知聯絡人視圖控制器將會呼叫代理人的unknownPersonViewController:didResolveToPerson:，並將聯絡人記名由此方法帶入，如果使用者取消動作，則會將NULL傳入。

9.4 直接存取聯絡人資料庫

雖然大部分和聯絡人資料庫相關的工作都和使用者的互動有關，但是有時我們仍需要直接存取資料庫，在 Address Book framework 中提供了許多 API 可讓我們直接存取資料庫的資料。

為了維持使用者一致的使用經驗，應該只有在必須且無可避免的情況下才去使用這些 API，否則一般情況下請儘量使用 Address Book UI framework 來建構使用者介面。

本小節提供了一些直接存取資料庫的參考，初學者可暫時跳過本單元，待有需要時再來參考本單元的介紹。

9.4.1 使用記錄辨識元（Using Record Identifier）

每一筆在聯絡人資料庫中的記錄都有一個獨一無二的辨識元 (identifier, ID)，同一個 ID 永遠指向同一筆記錄而且可以在不同執行緒中使用，不過 ID 僅保証在目前的裝置中唯一，即跨裝置則不保証唯一，我們可以使用以下方法使用 ID：

取得一筆記錄的 ID	ABRecordGetRecordID
由一個 ID 取得一筆記錄	ABAddressBookGetPersonWithRecordID
由一個 ID 取得群組	ABAddressBookGetGroupWithRecordID

9.4.2 使用記錄（Working with Person Records）

我們可以使用以下方法來新增和刪除聯絡人資料庫的記錄：

| 新增記錄 | ABAddressBookAddRecord |
| 刪除記錄 | ABAddressBookRemoveRecord |

我們可以使用以下方法在聯絡人資料庫中取得一筆記錄：

| 使用名字 | ABAddressBookCopyPeopleWithName |
| 使用 ID | ABAddressBookGetPersonWithRecordID |

若要完成某一類型的搜尋，請使用 ABAddressBookCopyArrayOfAllPeople 並配合 NSArray 的過濾功能 filteredArrayUsingPredicate: 來完成。

接著，若需要進行排序的功能，則需要使用 CFArraySortValues 來配合函數 ABPersonComparePeopleByName 做為比較元，再使用 ABPersonSortOrdering 來排序 內容，而使用 ABPersonGetSortOrdering 來取得目前的排序方式。

下列程式碼介紹如何對聯絡人資料庫進行排序：

```
ABAddressBookRef addressBook = ABAddressBookCreate();
CFArrayRef people = ABAddressBookCopyArrayOfAllPeople(addressBook);
CFMutableArrayRef peopleMutable = CFArrayCreateMutableCopy(
                kCFAllocatorDefault,
                CFArrayGetCount(people),
                people
                );

CFArraySortValues(
    peopleMutable,
    CFRangeMake(0, CFArrayGetCount(peopleMutable)),
    (CFComparatorFunction) ABPersonComparePeopleByName,
    (void*) ABPersonGetSortOrdering()
);

CFRelease(addressBook);
CFRelease(people);
CFRelease(peopleMutable);
```

9.4.3 使用群組記錄（Working with Group Records）

程式可用以下方式來取得群組相關資料：

取得指定的群組	ABAddressBookGetGroupWithRecordID
取得一個以上的群組資料	ABAddressBookCopyArrayOfAllGroups
取得群組的個數	ABAddressBookGetGroupCount
加入一筆聯絡人至群組	ABGroupAddMember
從群組中移除一筆聯絡人	ABGroupRemoveMember

聯絡人必須已經在聯絡人資料庫中才能加至群組中，如果想要加入一筆新的聯絡人至群組中，我們必須要執行以下步驟：

1. 新增一筆聯絡人至資料庫中。

2. 儲存資料庫。

3. 將聯絡人記錄加至群組中。

9.5 小結

在這一章中使用了正規的方式來製作聯絡人相關的應用程式，程式可以使用 Address Book framework 來建立與聯絡人資料庫的連結，也可以使用 Address Book UI framework 來建立與系統具有一致性的使用者介面，相信各位在研讀完本章的介紹後，只要稍加練習，各種聯絡人相關的應用程式都能輕鬆地完成了。

9.6 習題

1. 請說明 Address Book framework 和 Address Book UI framework 的功能和差別是什麼？

2. 請簡單說明資料庫中單值屬性和多值屬性的差別和用法。

3. 請問儲存、回復修改和檢查聯絡人的變動該用哪些函數？

4. 請列出三個和群組相關的存取函數和說明它們的功能。

5. 請問該如何取出記錄中獨一無二的辨識元？

Chapter 10
程式基礎－C & Objective-C

本章學習目標：

1. 了解 Objective-C 和 C 語言的關係。

2. 了解 Objective-C 在 iPhone SDK 裡扮演的角色。

Objective-C 是開發 iPhone 時主要使用的語言，顧名思義，這個語言是由 C 語言擴充而來，同時提供了 C 語言所沒有的「物件」這個概念，由字面上來說 Objective 可以將它翻譯成「物件導向的」，而 C 則是這個語言的基礎，Objective-C 就字面上來說就是「這是一個以 C 語言為基礎發展而成的物件導向語言」，因此我們可以把 Objective-C 想像成是 Apple 版本的物件導向 C 語言。也因為它是以 C 為基礎的語言，所以原來的 C 語言，也可以用來開發 iPhone 的程式，事實上，在 iPhone SDK 中就有不少的 framework 是提供 C 語言的宣告，例如專門負責 2D 繪圖的函數庫 Quartz 2D 提供的標頭檔 (header file，即 .h 檔)，裡面的宣告就是使用 C 語言，但是在 iPhone SDK 大部分的 framework 都是使用 Objective-C 實作的情況下，熟悉 Objective-C 自然是 iPhone 程式設計入門必修的第一堂課。

Learn more▸

Written by 彭煥閎

10.1 物件導向設計（OOP）

傳統的程式設計分成二個主要的部分，一是資料，另一個則是行為。對應到現實世界中，資料可想像成是一些事物，如書本、人、房子等等；行為則是指做什麼事，例如：吃、走、坐等。在物件導向設計的概念出現之前，資料和行為之間是沒有必然的關係的。所以程式設計若是沒有規劃好，執行結果出現房子在飛，書在走路等奇怪現象是有可能的。

物件導向最重要的概念就是將資料和行為合而為一，為各種資料定義它的行為，決定資料能做什麼處理，為每件東西定義和它相關的行為。這種將資料和行為合而為一的概念，在物件導向中就稱為物件。

以物件為出發點來設計程式，只要經過適當地規劃，就可以避免許多錯誤的邏輯發生，而我們更可以用常見的 3W1H (What、Why、How、Where) 來幫助規劃合適的物件，所以說物件導向設計實際上是比較符合我們對現實世界的思維。底下的例子就是在設計一個物件時可以使用的方式。

What：這個物件是什麼？它有什麼功能？它的角色是什麼？

Why：為什麼要有這個物件，難道不能用其他的物件來取代它的工作嗎？它有什麼特殊的能力是其他物件做不到的？

How：這個物件要提供什麼函數，才能達到它該有的功能。

Where：這個物件和其他的物件要如何合作和分工，他們的分界線在哪？什麼功能該由我提供，什麼功能該讓別的物件提供？

以上的問題，是否就很像是我們平常在思考問題的方式呢？設計一個物件時，能反覆思考這個物件在此4個問題中的角色，在設計一個合適的物件的過程中是很重要地。

當然，以上的問題只是提供設計時的一個參考，真正的準則還是得因地制宜，依當時的需求而定。

10.2 學習 Objective-C 前必須俱備的C語言基本知識

C 語言是 Objective-C 的前身，許多在C語言中的語法，例如註解、變數宣告、迴圈
等等，都可以直接套用在Objective-C中，因此在學習 Objective-C之前，一些C語言
中的基本知識是必須要了解的，這一節將為大家複習Objective-C中幾個常見於C語言
中的重要觀念。

10.2.1 變數

變數指的是在電腦記憶體中的一塊記憶體，我們可以對它進行讀取、寫入的動作並在
程式中使用它。每一個變數都會連結到某一種資料型別，這些型別決定了這些變數佔
用了多少記憶體。通常我們在程式中會使用到變數的幾個數值：

值 (Value)	指的是變數的內容，例如說有一個變數，型態是整數而值是5，我們就會說這個整數變數的值是5。
位址 (Address)	指的是變數儲存在記憶體的位址。

10.2.2 變數的種類

我們依照變數所處的位置，將變數區分成下面三個類別：

變數種類	說明
區域變數 (local variable)	僅存在於函數裡面，當程式進入某個函數後，系統才會為該函數的區域變數配置記憶體，當函數執行完成後，系統會將這些記憶體釋放出來提供他人使用。
參數 (parameter)	當某一個函數有參數的時候，我們必須使用一些變數來提供這些參數儲存資料的地方，這種變數我們稱之為格式參數或直接稱為參數。
全域變數 (global variable)	全域變數可供整個程式中的所有成員存取，任何在程式中的運算式都能夠在全域變數存取，在整個程式的執行階段，系統會為全域變數都保留它們的值。 因為系統會為全域變數特別配置記憶體，這些記憶體在整個程式執行過程都不會被釋放，但實際上因為手機上能使用的記憶體非常有限，所以雖然全域變數在使用上有其方便性，我們仍需儘量避免使用全域變數。

10.2.3 資料型別與常數

所有在 C 中支援的原生型別，在 Objective-C 都能夠直接使用。以下是 5 種基本的資料型態。

型態	典型長度(位元)	說明
int	32	整數
char	8	字元
float	32	浮點數
double	64	雙精準浮點數
void	32	無值，無型態。

雖說以上是一般情況下這些變數的長度，但是實務上，變數真正佔用的位元數是和執行平台相關的，因此若要取得變數所佔的位置數必須使用「sizeof()」來取得變數真正的長度才能避免程式執行中發生不必要的錯誤。

在實務上，除了上述幾個基本型態之外，還有另一種常見型態稱為「布林」，布林值代表的意義：是「真」、「假」。

在實作上可以使用：

1.「1」代表「真」，「0」代表「假」。

2.「非0」代表「真」，「0」代表「假」。

在 C 系列語言中常見用來代表布林值的符號是 BOOL 或是 bool。

除了 5 大基本型態之外，C 語言也有使用額外的修飾字來延伸 4 種基本型態 (void 沒有額外的修飾辭)，以下則是這些修飾辭使用的通則，必須注意的是，並不是所有的變數都適用於這些修飾辭，某些修飾辭僅適用於某些型態的變數而已，而且在某些平台上這些修飾辭甚至沒有任何作用。

修飾辭	說明	適用
signed	變數範圍包含正負值	int，char
unsigned	變數範圍只含正值	int，char
long	變數範圍為原型態的兩倍	int，char，double
short	變數範圍為原型態的一半	int

常數指的是程式無法改變的固定值。常數可以是任何基本型態之一。例如整數常數：
10、浮點數常數：3.1416 等都是常數。

10.2.4 什麼是指標？

指標是在 C 語言中必須了解的一個重要概念，而在 Objective-C 中尤其重要，整個
iPhone 程式的開發過程中，所有 iPhone SDK 物件都必須依賴指標的傳遞。精通使用指
標的方法是開發 iPhone 程式的必修課程。

指標是一種特殊的變數，它儲存的內容是記憶體的位址，而這個位址是這個指標所指
向資料真正儲存資料的地方。指標就像是地址一樣，告訴你某人住在哪，而這個地址
可能會是他的家，或是辦公室。而你可以透過地址找到某個人。

在使用指標時，最重要的地方就是指標必須指向一個有效的物件，否則誤用這個指標
將會造成無法預期的結果，可能會造成系統異常，甚至會有更嚴重的事情發生。

以下是宣告指標的一個例子：

```
int * piPointerSample;
```

其中「＊」代表後面跟隨的變數是一個指標。下面我們用圖 10-1 來解釋這一行程式碼的
意義。

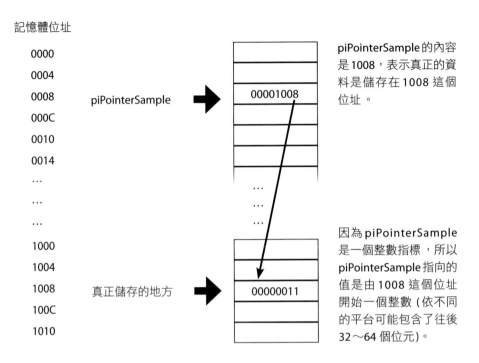

記憶體位址

0000		
0004		
0008	piPointerSample	00001008
000C		
0010		
0014		
…		
…		…
…		
1000		
1004		
1008	真正儲存的地方	00000011
100C		
1010		

piPointerSample 的內容是 1008，表示真正的資料是儲存在 1008 這個位址。

因為 piPointerSample 是一個整數指標，所以 piPointerSample 指向的值是由 1008 這個位址開始一個整數 (依不同的平台可能包含了往後 32～64 個位元)。

■ 圖 10-1

以此例來說，piPointerSample 指向一個整數的指標。前面的 int 表示這個指標指向的位址儲存了一個整數變數。

和指標相關的運算子共有下面兩個：

運算子	說明
&	傳回一個變數的位置。
*	取得指標變數所指向的內容。

若我們對指標變數使用「*」運算子，則「*piPointerSample」代表的是一個整數變數。而「&」則是讓我們取得某個整數變數的位址，讓我們能利用這個運算子取得某個變數的位址然後指定給一個指標變數。

以下為將一個整數變數指定給 piPointerSample 和從 piPointerSample 將值取出來的例子。

```
int iVar，iReturnValue;
int * piPointerSample = &iVar;
iReturnValue = *piPointerSample;
```

- 在上面的第一行中，我們宣告了兩個整數變數：iVar 和 iReturnValue。

- 在第二行中，我們對 iVar 使用「&」運算子代表想要得到 iVar 這個變數在記憶體中的位址，然後把這個位址指定變更為 piPointerSample 這個指標變數。

- 在第三行中，我們對 piPointerSample 這個指標變數使用「*」運算子以取得 piPointerSample 這個指標變數所指向的整數值，然後再將這個整數值指定給 iReturnValue 這個變數。

10.2.5 參數的傳遞（Argument Passing）

當函數有參數時，參數傳遞的方式，分成以下兩種：

傳值法 (Pass by value，Call by value)	傳值法的參數會在函數中產生一份新的變數複本，在函數中任何對此複本所做的操作都不會影響到原來的變數。而在離開函數後，複本所佔用的記憶體將被釋放。
傳參考法 (Pass by reference，Call by reference)	在函數裡不會建立變數的複本，而是直接將變數的位址傳入函數中，所有在函數中對這個變數的操作都會影響到原來的變數。

傳值法和傳參考法並沒有所謂的優劣之分，傳值法因為不會影響到原來的變數，意謂著在函數中任何不小心的錯誤修改到傳進來的變數，都是對變數的複本做修改，程式因此受到的傷害相對較小。但是對於比較龐大的變數來說，傳值法會對系統造成比較大的負擔(因為製作複本的成本較高)，因此傳參考法會是較好的選擇。

傳值法和傳參考法的最大差別在於函數中「直接」對傳入參數的修改，是否會影響到傳入參數。當參數使用傳值法時，任何在函數中對該參數的修改，都不會影響到原來的參數。而使用傳參考法時，任何的修改都會直接作用在原來的參數上。

Objective-C 繼承了 C 的特性，在程式的參數宣告中，並沒有像 C++ 語言提供「&」這種 reference 型別的參數，因此我們無法在 Objective-C 中，「直接」使用傳參考法的方式來傳遞參數。

有件事需要特別注意此處的「&」存在於函數的參數宣告中，和前面提到的「&」指標運算子代表著不同的意義。

下面為宣告這類參數傳遞函數的例子

```
int CallByReferenceTest(int & piParam); // 僅C++語言支援此語法。
```

上面的宣告能讓使用者「直接」將參數的位址傳入函數中，但在Objective-C中函數的參數傳遞並不支援上面這種函數的宣告，也就是我們無法使用上面的宣告來將變數位址「直接」傳入函數中。如果我們希望某一些變數能夠在函數中被修改，就必須使用「間接」的方式，利用傳遞該「變數的指標」，也就是利用指標的「&」運算子取得該變數的位址，然後在函數中利用指標的「*」運算子取得變數儲存的位址來「間接」地修改變數的值。也就是說，如果在 Objective-C中想要有類似傳參考法的參數傳遞效果，必須使用類似以下的語法。

```
int iVar = 0;
PassByReferenceTest(&iVar);
```

其中 CallByReferenceTest 這個函數的宣告是：

```
int PassByReferenceTest(int * piParam);
```

在宣告中的「int *」表示這個函數參數的「型態」是「整數指標」，而 piParam 就是一個「整數指標的變數」，在 CallByReferenceTest 這個函數中，由於參數是一個整數指標，因此 piParam 儲存的資料將會是 iVar 這個整數變數的「位址」，這個位址是利用傳值法傳進來的，因為我們是將「值」傳進來，並在函數中產生一個複本 (piParam) 來儲存這個值，在函數中任何對 piParam「直接」的修改都不會影響到原來傳進來的變數值。

這時，利用指標的運算元「*」就可以「間接」地修改我們打算修改的變數值：iVar。舉個例來說，如果函數的實作如下：

```
int CallByReferenceTest(int * piParam)
{
        *piParam = 5;
        return;
```

```
}
```

在上面的例子中，我們進行了以下幾件事來達到在函數中修改 iVar 變數過程：

1. 利用「&」運算子取得 iVar 這個變數的位址。

2. 將取得的位址傳入 PassByReferenceTest 函數。

3. PassByReferenceTest 函數會產生一個整數指標的變數 (piParam)。

4. 將 iVar 的位址 (步驟 1 的結果) 存入 piParam。

5. 在函數中我們利用指標運算子「*」取得指標，指向真正資料的記憶體位址，這時 *piParam 將會指向 iVar 所在記憶體位址的整數變數。

6. 將 5 填入該變數，這時 iVar 的值就會變成 5。

7. 離開函數後，系統釋放 piParam 所佔用的記憶體。

> 將變數用指標傳入函數的方式，坊間有些中文書籍稱之為 Call by address 或是 Call by pointer，但是此種參數傳遞的方式本質上仍是 Call by value。只不過此時的 value 是一個變數的位址 (address)，所以要存取或修改真實的變數值，必須使用指標方式來存取

10.2.6 指標的指標

除了基本的指標以外，另一個容易讓人困擾的觀念就是「指標的指標」。下面就是一個常見的例子。

```
int ** ppMySample;
```

乍看之下，這種宣告當場令人傻眼，此時可以將上面的宣告拆成兩部分來幫助我們理解上面的式子，現在請將上面的式子換個想法看成：

int * * ppMySample

第一個部分是「int *」，由前面小節的介紹，我們知道這個宣告是一個整數指標，換個角度來看，可以將這個東西看成是另一種新的資料型態，而這個型態就叫做「整數的

指標」，姑且可將它取名叫做newtype，這時我們就可以把上面這一句想像成是：

newtype * ppMySample

再套用一次指標的定義，上面的式子就是「newtype的指標」，現在，我們將newtype還原成它原來的敘述，上面的式子就變成了「整數的指標」的「指標」，如此一來我們就完成了一個指標的指標的敘述。雖然這個敘述看起來很奇怪，但是在實務上，這種例子很常見，指標的指標之所以存在，和C語言只允許傳值法(請參考前一小節的說明)有很大的關係。怎麼說呢？因為「指標的指標」存在的目的，就是為了讓函數有修改指標的能力。因為C語言只允許將參數的值傳入函數中，所有在函數中對變數的修改都只會影響到函數中的變數複本，而不是原來的變數，這時若我們想要修改一個指標的值該怎麼辦呢？參考前面的介紹，若我們想要在函數中修改傳入參數的值，就必須使用「間接」的方式，將該變數的位址傳入函數中，然後利用指標的「*」運算子來修改該變數的值。

舉個例子來說，「char *」常用來指向C語言中的如下字串：

```
char * szMyFirstString = "This is my first string."
```

這時如果在函數中，我們需要把「szMyFirstString」指到另一個字串「szMySecondString」要如何辦到呢？因為我們想要修改的東西是「char*」，如果直接以「char *」為參數傳入函數內，我們並沒有辦法修改「szMyFirstString」所指向的內容，此時就必須依賴「指標的指標」來幫助我們達成目標。就如同下面的例子：

```
void ModifyString(char * * ppInputString)
{
        *ppInputString = "This is my second string";
}
```

請將上面例子中的「char*」，視為一個完整的個體，修改szMyFirstString的方式，就是利用&運算子將szMyFirstString的位址傳入函數中。如：

```
ModifyString(&szMyFirstString);
```

當 szMyFirstString 所代表的型態「char *」以「&」取得位址之後，傳入的參數就是「char**」(char* 的指標就是 **char** ***)，此時在函數中就能夠修改「char *」變數所指向的目標了。

指標的指標常用於取得系統物件如系統字串或是錯誤訊息之類的應用，這些物件多由系統來提供，而且這些物件亦是由系統產生，又因為這些物件本身是以指標的型態存在，所以我們才必須要使用指標的指標來取得這些物件，一般來說，若我們看到某個方法或是函數的參數會使用到指標的指標，心底大概就要推測這些東西將是我們去和別人要來的，而且它的生命週期不會掌握在我們的手中，若這些取得的物件需要我們爾後將它釋放，通常在文件中都會有額外的說明。

10.2.7 前置處理器指令（Preprocessor directives, compiler directives）

我們可以在程式碼中放入一些對編譯器的指令，這些指令我們稱之為前置處理器指令或是編譯器指令。在 C 語言中，這些指令以「#」開頭，在 C 語言中有許多前置處理器指令，舉例來說「#include」和「#define」是常見的指令，前者用來將指定檔案匯入目前的檔案，後者則是常用來定義一些常數或是一些常用的巨集指令。

10.3 Objective-C 和 C/C++ 語言的關係

Objective-C 編譯器允許程式中將 C 和 Objective-C 或是 C++ 和 Objective-C 混用，使用「ObjetiveC」+「C++」語法的程式稱之為 Objective-C++，通常只有為了和原有的 C++ 程式或是 C++ 函數庫整合時才會使用 Objective-C++，一般來說，iPhone 的程式開發仍是以 Objective-C 為主。

Xcode 中使用副檔名來判斷程式使用的語言是 C 或是 C++，Objective-C 的檔案可以使用以下副檔名：

副檔名	說明
h	標頭檔，或稱定義檔或是介面檔。標頭檔包含了類別、變數、方法和常數的宣告。
m	實作檔，編譯器 將 .m 檔視為使用 C 語言實作，在 .m 檔中可以混用 Objective-C 和 C 語言的語法。
mm	實作檔，編譯器將 .mm 檔視為使用 C++ 語言實作，在 .mm 檔中可以混用 Objective-C 和 C++ 語言的語法。

iPhone SDK 中有些函數庫就是直接使用 C 的語法，如 Quartz 2D 和 OpenGL ES 的 Sample 就提供許多 Objective-C 和 C 混用的例子。

10.4 Objective-C和iPhone SDK

對於一個技藝純熟，凡事喜歡砍掉重練的 C Programmer 來說，學習 Objective-C 也許不是一件絕對必要的事。但是，學習 Objective-C 的目的和在寫 Windows 程式時，去學 .NET framework 或是 MFC 是一樣的。畢竟從頭開始打造一支程式是件非常耗時耗力的工作，因此善用現成函數庫能有效地提高生產力，甚至是降低錯誤的發生率。以下是在開發 iPhone 程式裡用來製作使用者介面常用的函數庫 Cocoa touch。Cocoa touch 包含了兩大函數庫：

函數庫	說明
UIKits	這個函數庫中的類別都是以UI開頭，這個函數庫提供了許多元件讓我們能組成程式的使用者介面。
Core Frameworks	這個函數庫中的類別都是以NS開頭，這個函數庫提供了許多建構程式所需要的基本類別，例如：陣列、字串等等。

底下圖 10-2 是 Cocoa touch 的示意圖：

▲ Cocoa touch architecture of iPhone OS

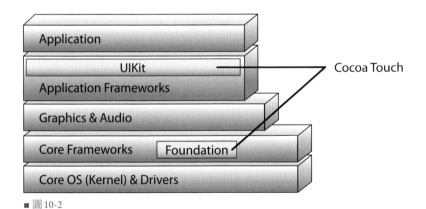

■ 圖 10-2

在整個 iPhone OS 架構中，UIKit 和 Core Frameworks 即是使用 Objective-C 來開發。

圖 10-3 則是 UIKit 的架構圖：

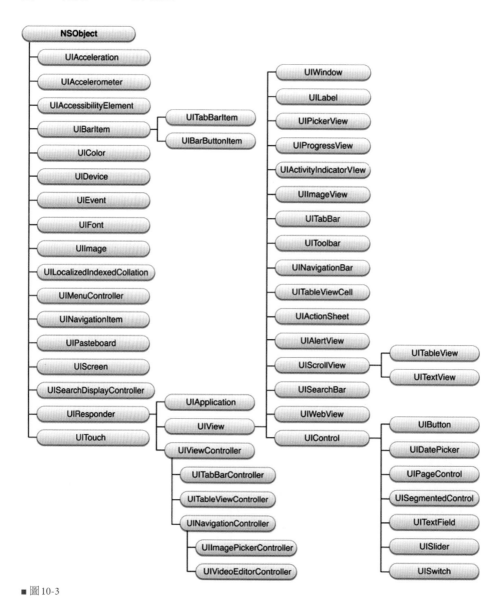

■ 圖 10-3

UIKit 是打造 iPhone 使用者介面的重要工具，裡面所有的類別都是使用 Objective-C 開發的，因此為了能夠讓程式和 UIKit 等 iPhone SDK 中提供的函數庫進行最好的整合，學習 Objective-C 自然是不二法門。接下來的幾個章節將開始引導各位進入 Objective-C 的世界。讓我們開始踏入 iPhone 程式開發的第一步吧。

10.5 小結

本章大致介紹了C和Objective-C之間的關係，因為使用Objective-C少不了要了解一些C語言的內容，因此若讀者在閱讀本章中若仍有不解之處可以再參考一些C或是C++語言的書籍來補強這些使用Objective-C時必要的基本觀念。

10.6 習題

1. 請問下例何者不是iPhone SDK中使用到的軟體相關技術：

   (1) Object-oriented programming.

   (2) Garbage collection.

   (3) Reference Counting.

   (4) Objective-C.

2. 請問區域變數和全域變數的差別是什麼？

3. 請問在Objective-C檔案中，副檔名.m和.mm的差異是什麼？

4. 請簡要說明iOS程式開發中Cocoa touch扮演的角色是什麼？

5. 請問要如何宣告一個指標變數？請舉一個指標變數的使用實例。

Note

Chapter 11
程式基礎－物件、類別及介面

本章學習目標：

1. 了解 Objective-C 的物件、類別。

2. 了解 Objective-C 的介面。

Objective-C 和許多物件導向語言都有著類似的概念，這一章將會對 Objective-C 的物件、類別和介面進行初步的介紹，在讀完本章後，讀者將會對 Objective-C 的基本架構有初步的認識。

Learn more▸

Written by 彭煥閔

11.1 物件、類別及訊息傳遞
(Objects、Classes、Messaging)

這一節將介紹如何利用 Objective-C 實作物件，類別及訊息傳遞等最基本的概念。

11.1.1 物件（Object）

Objective-C 既然稱作物件導向語言，想當然爾，「物件」自然是這個語言裡最核心也是最重要的觀念。

談到物件，簡單地來說就是替一群資料定義它的行為，它們能做什麼事或是能怎麼樣修改這些資料。在 Objective-C 裡面，這些行為叫做方法 (methods)，而它們作用的目標 (資料) 則稱之為實體變數 (instance variables)。物件則是將負責將這些「資料」和「行為」整合在一起的元件。

> Instance variables 中文稱為實體變數，這些變數會在物件正式被系統產生時才會配置對應的記憶體空間，這些變數亦可稱為成員變數 (member variables)。

Objective-C 裡的實體變數都會定義它的存取範圍。一般來說外部物件並不會 (該) 直接去存取這些變數，而是透過該物件提供的方法來存取，這些方法可以透過在物件的宣告中定義專屬於物件的特性 (Property) 來讓系統幫我們產生，而不必親自動手來撰寫。

雖然在物件中有些變數是允許給外部存取的，但是習慣上我們通常不會直接去存取這些變數，而是透過特性來存取。因為利用特性存取這些變數能夠提供我們許多額外的好處，包括了簡化物件的記憶體操作、在多執行緒下的變數存取的管理等等。因此，在實務上，即使某個物件將它的某個變數開放出來讓我們使用，仍應該先檢查該變數是否有對應的特性可以使用，如果沒有，而又必須對該變數進行操作時，才會直接操作該變數。

Methods中文稱為函數、方法，在其他程式語言中也稱做function。

當程式設計人員對物件進行了妥善的規劃之後，通常不想讓外界存取的變數都會用適當包裝，讓外界只能透過Property (特性) 來存取，但是我們仍有機會遇到一些比較不小心的設計人員，他們定義了Property但是卻沒有適當地將Property對應的變數藏好，讓我們有機會直接存取到這些變數。因此，原則上我們在存取資料的優先順序上，仍是先以利用Property優先，若沒有Property才會試著去存取變數本身。

舉個例來說，我們可能遇到某個物件定義了一個readonly (唯讀) 的Property，但是設計者卻不小心把該Property對應的變數開放出來給我們使用，這時如果我們直接對這個變數進行修改，就有可能因為超出了當初這個物件的設計者的設計而造成了不必要的錯誤。

在Objective-C裡的物件使用，都是以指標的型態存在，舉個例子來說，在Objective-C中實作字串的類別是NSString，在程式中宣告一個Objective-C的NSString字串的物件指標，會使用以下語法：

```
NSString * name = @" iPhone Programming!" ;
```

這裡的name即是一個型態為 NSString 的指標，若在宣告時忘記指定name是一個指標，也就是沒有寫「*」，整個句子變成：

```
NSString name = @" iPhone Programming!"
```

這時編譯 (compile) 將會出現錯誤。

因為Objective-C裡的物件都是以指標的型態在使用，所以在爾後的章節中提到「Objective-C物件」或是「Objective-C物件指標」時，他們指的是同一件事。

11.1.2 id

在C/C++裡有一種特殊的指標：

void *

「void *」在C/C++中稱為泛型指標或是萬用指標。「void *」可以指向任何類型的資料，也就是說不管是「整數指標」、「浮點數指標」等等，他們都可以轉型成「void 指標」。

Objective-C 也定義了一件特別的型態來表示一個物件 (物件指標)，這個型態叫做：

id

id很像是C語言裡面的「void *」，但是「id」將資料的範圍侷限於指向的目標必須是一個Objective-C的物件，所以我們可以把「id」直接想像成是「物件的指標」，也就是說，所有Objective-C的物件，都可以轉型成id這個型態。

---

id的宣告如下：

```
typedef struct objc_object {
    Class isa;
} *id;
```

在這個宣告中的 Class 是一個pointer，它的定義如下：

```
typedef struct objc_class *Class;
```

所以通常isa這個變數會稱為isa pointer。在實務上isa會被用來協助使用者判斷一個id物件是屬於那一種類別 (class)。

下面是一個id的例子：

id anObject;

上面的 anObject 即是一個指向物件的指標，它可能是一個 Objective-C 字串的物件：「NSString *」的實體 (instance)，也可能是一個表示日期的物件：「NSDate *」的實體。

若一個id沒有指向任何物件，我們將它的值設成nil。

我們使用下面的語法來表示 anObject 目前沒有指向任何一個物件。

```
anObject = nil;            //註：nil的定義是0。
```

id 常見於 method (方法) 的參數中，目的是把發送訊息的物件，傳送到接收端，這樣就能提供在接收端的 method 一個存取來源物件或是額外資訊的一個方法。因為許多 method 在設計之初，未必會知道物件的型態是什麼，所以就直接使用 id 來告訴後來的人，這個參數將會是一個 object (物件)，然後在 method 中將 id 轉型回原來 object 的型態後，再進行相關的操作。

11.1.3 物件的記憶體管理

在 Objective-C 中，關於物件的記憶體管理方面採用了參考計數 (reference counting) 的觀念，簡單地來說每個物件自己會有一個變數來紀錄目前有多少人參考它，我們稱這個變數為 reference count 或是 retain count，若有一個物件參考它，則 reference count 為 1，若有 2 個物件參考它則為 2，依此類推。Objective-C 所有的物件皆提供了三種方法來提供修改 refernce count 的方法：

方法	說明
retain	當呼叫一個物件的 retain 時，這個物件會將自己的 refernce count 加 1。
release	當呼叫一個物件的 release 時，這個物件會將自己的 refernce count 減 1。
autorelease	當呼叫一個物件的 autorelease 時，這個物件會自未來的某一段時間才會將自己的 reference count 減 1，autorelease 和另一個 Objective-C 的物件 autorelease pool 相關，我們將在爾後的章節對 autorelease pool 做進一步的介紹。

在程式的運作上，當 A 物件要參考 B 物件時，必須告訴 B 物件要使用它，而且在不需要參考 B 物件時也必須通知它，因此當 A 物件要參考 B 物件時「應該」要有以下事情發生：

1. A 物件必須通知 B 物件，請 B 物件將自己的 reference count 加 1。這個增加 reference count 的動作，在 Objective-C 中稱作「retain」。在實作上 retain 這個動作會呼叫 B 物件的「retain」方法。

2. 而當 A 物件已經確定不再參考 B 物件時，則必須請 B 物件將它的 reference count 減 1，這個動作稱為「release」。在實作上 release 這個動作會呼叫 B 物件的「release」方法。

3. 當 B 物件的 reference count 為 0 時就會呼叫自己的解構式，釋放出佔用的系統資源。

上面的步驟必須由設計程式的人員自己控管，若上面幾個步驟沒有嚴格遵照 Objective-C 的記憶體管理原則的話，系統就會發生記憶體相關的錯誤 (memory leak 或 bad access)。

在其他作業系統上常見的 garbage collection 在 iPhone 上尚未支援。

在 Objective-C 中，reference count 的管理也引用了一種叫做 autorelease 的觀念，簡單地來說，我們呼叫了一個物件的 autorelease 之後，系統就會在離目前最近的 autorelease pool 中放入一個當前物件的指標，此時雖然物件本身的 reference count 不會變，但是當 autorelease pool 需要清空的時候，它會呼叫所有在 pool 中物件的 release 來讓這些物件的 reference count 減 1。

Autorelease 可視為告訴系統當我們離開目前這個 method 的範圍後，就不再需要這個 object (物件) 的資源了，請系統在未來的某一段時間，自動將物件的 reference count 減 1。

在程式的架構中，autorelease 可以是巢狀的架構，每個 autorelease pool 只會呼叫目前池子裡的物件 release 方法一次。同一個物件可能在整個 autorelease pool 巢狀架構中的每個 autorelease pool 都有一份複本。

Reference counting 在整個 Objective-C 中是非常重要的觀念，有效掌握 reference counting 的細節是維護整個程式穩定度的根本，在爾後的章節中我們會更深入介紹在 Objective-C 中 reference counting 的運作模式。

autorelease pool 可以想像成是一個專門放置即將被呼叫 release 方法物件的池子。當我們呼叫某一個物件的 autorelease 方法之後，系統就會將該物件放置一份複本在這個池子中，當 autorelease pool 要消失時，它會呼叫目前在池子裡所有物件的 release 方法。此時，這些物件的 reference count 就會減 1。

11.1.4 訊息傳遞（Object Messaging）

Objective-C 裡面的訊息 (message) 非常類似所謂的函數 (function) 或是方法 (method)，但訊息更像是一個「動詞」，通常我們會說「送一個訊息給一個物件來通知它去執行某個方法，而不是某個物件在執行一個訊息」，在 Objective-C 中，訊息使用方括號來表示。

以下就是一個訊息的例子：

[receiver doSomething]

這裡面的 receiver 是一個物件，而 doSomething 則是告訴這個物件它該做什麼事。在程式碼中，訊息包含了：

・**方法的名字。**

・**傳入方法的參數。**

當發送一個訊息給物件的時候，系統 (runtime system) 會即時向物件查詢是否有支援該方法然後執行。

message (訊息) 就一般程式設計來說，它的行為類似執行一個方法。在執行一個方法時，我們需要指定要用什麼「方法」和這個方法使用的「參數」，通常方法的檢查會在程式編譯的階段執行，但是在 Objective-C 中，必須在執行階段才知道這個方法能不能執行。若在 Objective-C 程式碼中呼叫一個不存在的方法，在編譯階段只會產生警告而不會產生錯誤。

方法的參數是由「:」來引入。方法的參數型態和名稱列在「:」之後，而在「:」之前的字串稱為「關鍵字」(keyword)。一個「:」表示這個方法表示有一個參數，二個「:」則表示這個方法有二個參數，依此類推。

下面是一個方法宣告的例子：

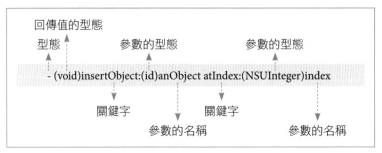

■ 圖 11-1

接下來是一個實際呼叫的例子：

[myPicture **setOriginX**:30.0   Y:50.0];

在這個例子中 myPicture 是一個物件，「**setOriginX**」和「Y」則是參數的「關鍵字」。上面這個例子的宣告方式為

- (bool) **setOriginX**: (float)posx Y:(float)posy;

在整個宣告中，由「:」的數量可得知這個方法會有兩個參數，而這兩個參數的型態都是 float。這個方法會回傳一個 bool。前面有提到「:」前面的是「關鍵字」，所以這個方法即使不使用「關鍵字」也能達到同樣的功能。例如我們可以宣告另一個方法叫做

- (bool) **setOrigin**: (float)x : (float)y;

這個方法和前一個宣告非常地像，也同樣有兩個型態為 float 的參數，唯一不同的地方就是他們擁有不用的「關鍵字」。

在 Objective-C 中，定義了一個名詞「selector」用來表示方法的名字，「selector」的定義是由：

「關鍵字」+「:」

所組成，所以上面兩個方法的「selector」為：

setOriginX:Y:

和

```
setOrigin::
```

因此，雖然他們看起來非常相似，甚至可以提供相同的功能。但是因為它們的名字不一樣，所以我們得將他們視為兩個不同的方法。以下的方法雖然參數型態和回傳值都不同，但是在Objective-C裡這些方法的selector都是一樣的。

```
-(void) SetParam1:(int)param1 Param2:(int)param2;
-(int)  SetParam1:(float)param1 Param2:(int)param2;
-(float) SetParam1:(double)param1 Param2:(double)param2;
```

以上的3個例子，「selector」都是：

```
SetParam1:Param2:
```

因此在編譯 (compile) 時會發生錯誤，所以在宣告方法時，必須要小心不要有類似的錯誤發生。

由上面例子中可知，Objective-C的方法宣告和使用的方式與C語言相差非常多，但是習慣之後，只要在方法命名時稍微用心一點，為「關鍵字」取個容易理解的詞，對程式的可讀性就可以有相當大的幫助。

> 在Objective-C中方法的名字稱為「selector」。方法的名字和平常看到的「函數名稱」意思雷同，但是Objective-C提供在程式執行時即時檢查selector是否存在的能力。

除了以上簡單的範例之外，方法裡的參數也允許一個以上的輸入，這些額外的參數將用逗號隔開而且不算是selector的一部分。例如下面就是一個帶有多個參數的例子。

```
[receiver makeGroup: group, memberOne, membertwo, memberThree];
```

訊息也允許巢狀的結構存在。例如：

```
[newRect setColor: [oldRect getColor]];
```

這個例子裡，我們可以看到新區域的顏色，是先由舊區域中取出來，再指定到新的位置去。

在C語言中，若存取一個空指標會造成存取違規，但是在Objective-C中，訊息可以送給空的物件指標，以上例來說即是：

```
newRect = nil
```

而且所有傳送給空物件的訊息都會回傳 nil 值。以下是一個將訊息送給 nil 時的例子：

```
id aNilObjectMayNil = nil;
if( [aNilObjectMayNil  methodWillSendtoNilObject] == nil)
{
        //關於物件是nil時該做的事
}
```

> 傳送給message (訊息) 給nil時，若原method (方法) 回傳的值不是物件或是基本型態 (整數、浮點數等等)，而是struct (結構) 或是vector (向量) 之類的資料結構時，method的回傳值會異常，因此在程式撰寫的過程中應該避免這種寫法出現。

因為Objective-C在compile階段即使某個物件的類別沒有宣告或是實作某個方法，僅會提供警告而不會產生錯誤，因此在某些情況下 (例如在後面章節會提到的delegate或是對某個id物件進行呼叫)，我們要呼叫某個物件的某個方法時，會先使用該物件的respondsToSelector:方法來確認該方法是否真的可以呼叫，若真的可以呼叫才去執行這個方法，底下的範例就是一個常見的例子：

```
if (delegate && [delegate respondsToSelector:@selector(doSomething)])
{
        [delegatedoSomething];
}
```

在上面的例子中，因為delegate可能是一個id物件，甚至可能不存在，因此在真正呼叫doSomething方法前，我們必須先確定delegate這個物件存在和它真的可以對doSomething這個方法做回應後 (即 [delegate respondsToSelector:@selector(doSomethin g)] 這段程式碼)，再呼叫它的dosomething方法。

11.1.5 類別（Classes）

物件導向程式的設計通常由一堆物件所組成。而以 Cocoa touch frameworks 為基礎所開發的程式可能會使用NSObject，NSWindow，NSMatrix或是NSDictionary，NSFont，NSArray 等類別。在Objective-C中，我們藉由類別來定義一個物件。類別是一個物件的原型(prototype)，而類別中定義了物件有哪些變數和方法可以使用。

當我們想要使用一個物件的時候，我們必須建立一個類別的實體 (instance)。所有由同一個類別產生的物件都會共用同樣的一組方法 (method)。不過每個物件都擁有自己的實體變數 (instance variables)。編譯器只會為類別產生一個唯一的類別物件 (class object)。而這個類別物件能夠知道該如何產生這個類別的實體，所以類別物件也稱為「生產工廠物件」(factory object) 或是「生產工廠」。接下來產生的實體都是由「生產工廠」負責產生出來的。

一般來說，類別的命名由大寫英文字母開頭，例如：Rectangle，而變數的命名則由小寫英文字母開頭，例如：myRectangle。

11.1.6 類別的繼承

類別具有繼承的特性，但是在Objective-C中，每一個類別只能繼承自一個類別，類別會在宣告中說明它是由哪一個類別繼承而來。

當我們在描述繼承關係時，若Class A 繼承自Class B，則稱Class B 為Class A 的父類別 (或稱parent class、superclass)，反之，Class A 為Class B 的子類別 (或稱child class、subclass)。

子類別將會繼承其父類別所有的方法和實體變數。若實作的類別不想讓某些實體變數被子類別所繼承，則必須將這些變數的屬性設為私有的 (private)。

實體變數這個詞指的是「在類別中宣告而在實體中可以使用的變數」，實體變數在每個實體都會有一份新的複本。也就是說若「物件 A」和「物件 B」都是「類別 C」的實體。那麼「物件 A」和「物件 B」都會有名稱相同的實體變數，但是對各自的實體變數修改時不會影響到其他的物件，也就是說當我們修改「物件 A」的變數時，不會影響到「物件 B」的同名變數，反之修改「物件 B」的變數也不會影響到「物件 A」的同名變數。請參考下面的示意圖：

■ 圖 11-2

在實作一個新類別的時候，我們只需針對新功能進行實作即可。不必重覆宣告和實作父類別已擁有的變數和方法。而一個位於繼承樹頂端的類別，我們稱之為根類別 (root class)。整個繼承樹中，除了根類別外，每個類別都必須要有父類別來宣告它是由何處繼承而來，圖 11-3 為一個繼承樹的範例。

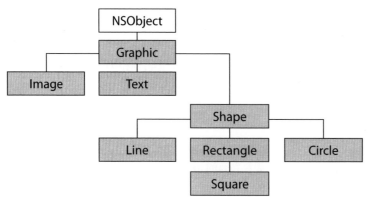

■ 圖 11-3

在 Foundation framework 中，所有類別皆繼承自 NSObject，因此 NSObject 是整個 Foundation framework 中唯一沒有父類別的類別。

NSObject 提供了整個 framework 裡所有物件所需俱備的基本功能。而裡面兩個最重要的功能如下：

1. 提供一個變數讓別人詢問這是一個什麼類別。

2. 實作 reference counting 相關的操作。

11.2 如何定義一個類別

Objective-C中，類別由兩個部分所組成：

- **介面 (Interface)**：定義類別的方法和變數，同時也定義了它的父類別。
- **實作 (Implementation)**：實作類別的功能。

> 我們在標頭檔 (.h 檔) 中宣告類別的介面，在實作檔 (.m/.mm 檔) 中進行類別的實作。

11.2.1 介面（Class Interface）

介面的宣告由 @interface 開始，由 @end 結束。在這兩個關鍵字中間可能存在了下面幾種元素：

- **類別的名類 (必要條件)，類別繼承的父類別和實作的協定。**
- **變數的宣告。**
- **特性的宣告。**
- **方法的宣告。**

下面是一個類別的例子：

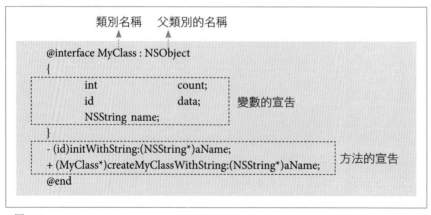

```
             類別名稱    父類別的名稱

@interface MyClass : NSObject
{
        int           count;
        id            data;          變數的宣告
        NSString  name;
}
- (id)initWithString:(NSString*)aName;
+ (MyClass*)createMyClassWithString:(NSString*)aName;    方法的宣告
@end
```

■ 圖 11-4

以下是類別宣告的定義：

```
@interface ClassName : Superclass<protocol1, protocol2>
{
        Instance variable declarations // 變數宣告。
}
property declarations;          // 特性宣告
method declarations;            // 方法宣告
@end
```

在第一行裡使用了以下元素：

元素	名字	註解
類別的名稱	ClassName	這個類別的名字。
父類別	Superclass	父類別決定了這個類別在整個繼承樹的位置。它可以是 NSObject 或是任何由它衍生而來的類別。
實作的協定 (protocol)	protocol1、 protocol2、 protocol3	協定告訴我們這個類別將會提供哪些協定的實作。

協定類似 C++ 語言中的 interface (介面) 概念，但是在 Objective-C 中的協定，除了可以定義實作的類別必須包含哪些 method (方法) 之外，還能夠定義它所擁有的 Property (特性)。因此我們可以說協定除了能夠要求實作的人要做什麼事 (method) 之外，還能夠要求實作的人必須擁有什麼專有的特性 (property)。

在接下來的括號中，我們將在此處宣告這個類別所擁有的變數。舉個例來說，如果我們想要為 Rectangle 定義它所擁有的變數，下面就是變數宣告的例子：

```
float width;
float height;
BOOL filled;
int colorR;
int colorG;
int colorB;
```

這些變數用來紀錄 Rectangle 的一些資訊。宣告完變數之後，括號後頭接著宣告這個類別要提供的方法 (method) 和特性 (property) 有哪些。

特性為類別提供了一個給外面元件存取它內部變數的一個方法。當類別宣告特性之後，系統會自動為特性製作相關的存取方法。這些方法稱為特性的存取方法 (accessor method)。存取方法分成下面兩類：

setter	提供設定特性的功能
getter	提供了讀取特性的功能

setter 在一般的程式中就是類似 setVariable()，而 getter 則是類似 getVariable() 的方法。不過這些 setter 和 getter 方法並不需要我們自己實作，只要對特性進行適當地設定，系統就會自動幫我們合成這些實作的內容。

而特性可以透過設定使它適合在多執行緒的環境使用，因此妥善的特性規劃可以簡化程式的設計，下面是幾種特性的宣告方式，在這一節中暫時不做說明，關於特性的設定我們將在後面的章節做更進一步的介紹。

```
@property (nonatomic, retain) UIView * testView;
@property (atomic) int fileCount;
@property (nonatomic, assign) UIMyDelegete * delegate;
@property (nonatomic, assign) UIView * parentView;
```

設定完特性之後，接下來可以為類別決定該提供哪些方法。方法分為以下兩類

辨識符號	方法的型態	說明
+	類別方法 (class method)	提供給類別的方法，在使用時會直接對類別物件進行操作。
-	實體方法 (instance method)	提供給實體物作的方法，在使用時必須對實體物件進行操作。

下例為方法的宣告：

■ 圖 11-5

類別方法由「＋」開始，以下是NSString中一個類別方法的例子：

```
+ (id)stringWithFormat: (NSString *)format ,...
```

在程式中，我們可以利用這個類別方法來產生一個NSString物件。就像是下面的例子：

```
int nStringNumber = 1;
NSString * myFirstString = [NSString stringWithFormat: @" This is string %d" , nStringNumber];
```

以上的程式，myFirstString 的值將會是「This is string 1」。

在上面的例子中，因為myFirstString是透過class method（類別方法）所產生的，在Objective-C的慣例中，由class method產生的物件將會自動放入autorelease pool中。若class method並非用來產生物件，而只是進行一些資料的存取或計算，則回傳的物件就不一定會放至autorelease pool 中。在實作上，若是該放入autorelease pool的物件卻沒有放入會造成許多不必要的錯誤。因此在實作 method (class method或是 instance method) 時必須小心處理記憶體管理的相關細節。Autorelease pool 是objective-C負責處理物件記憶體的一個物件。在後面關於記憶體管理的章節將再為auto release pool的概念做進一步的介紹。

實體方法由「－」開始，下面的例子是一個NSString的實體方法。

```
- (NSString *)substringFromIndex: (NSUInteger)anIndex
```

這個實體方法為NSString的物件提供了一個取得子字串的方法。在程式中可以如此使用：

```
NSString * sourceString = @" 1234567890" ;
NSString * substring = [sourceString substringFromIndex:3];
```

在實體方法和類別方法比較之後，我們可以發現，類別方法在角括號中使用的是類別的名稱：NSString，而在實體方法中，我們使用的是實體：sourceString。至於何時該使用類別方法和何時該使用實體方法則完全視情況而定，這兩種方法並沒有優劣的關係存在。

11.2.2 匯入介面（importing interface）

當需要使用到一個類別時，我們必須匯入這個類別的宣告，也就是標頭檔 (header file，即 .h 檔)。在 Objective-C 中使用 #import 來匯入標頭檔。舉個例子來說，當 ClassA 繼承自 ClassB，在 ClassA 的標頭檔就必須引入包含 ClassB 的標頭檔。如以下所示：

```
#import "ClassB.h"
@interface ClassA：ClassB
{
        instance variables
}
methods
@end
```

當類別有父類別時，我們必須使用 #import 匯入父類別的標頭檔，#import 會將父類別的所有宣告同時匯入，因此匯入可視為將兩個標頭檔合而為一的一種方式。在這種結構下，匯入父類別也暗示了匯入整個類別的繼承樹，因此只要匯入父類別的標頭檔後，整個繼承樹的類別都可以在目前的類別中使用。

11.2.3 引用其他類別

通常我們會在下面情況下被要求要將類別的標頭檔匯入：

1. 宣告一個擁有父類別的類別時，必須匯入父類別的標頭檔。

2. 使用到一個類別，但是這個類別不在目前的繼承樹裡時，必須匯入該類別的標頭檔。

之所以要匯入標頭檔是因為編譯器必須在匯入類別的標頭檔後，才能知道這些類別的定義是什麼，該如何為它們配置記憶體等等相關的資訊。

但是若我們僅是使用到類別的「指標」，因為指標本身所代表的意義是記憶體的位址，它的記憶體配置方式和所指向的物件型態沒有關係，所以這時除了匯入該類別的標頭檔外，亦可以使用 @class 來告訴編譯器我們即將引用這個類別，但是沒有打算匯入該類別的定義，例如：

```
@class Rectangle , Circle;
```

以上的宣告是告訴編譯器將會使用到 Rectangle 和 Circle 這兩個類別，但是因為我們暫時不需要它們實際宣告的內容，所以不打算將其標頭檔匯入。

在我們使用以上宣告後，編譯器會將這些類別視為一般的變數型態，不會要求我們必須匯入這些類別的宣告。

下面方法宣告的例子就是告訴編譯器，我們使用了一個 Rectangle 類別的指標：

```
-(void) setRectangle: (Rectangle *) rect;
```

在一般的情況下，因為 Rectangle 不是內建的型別，所以當我們要使用它時，編譯器會要求我們必須匯入 Rectangle 的定義，否則它會不知道 Rectangle 是什麼東西，但是在這個方法的宣告中，rect 這個變數是一個 Rectangle 的指標，在這裡它的目的是用來傳遞某一個 Rectangle 物件的記憶體位址，因此我們要的只是一個位址的資訊而已，即使不了解 Rectangle 的內容對整個程式也沒有影響，在這種情況下，若我們想要使用 Rectangle 這個類別，利用匯入或是引用的方式都可以達到我們的需求。

> 若使用 @class 方式來帶入 Rectangle 時，雖然目前不需將整個類別的定義匯入，但在實作時 (.m 檔) 如果需要用到 Rectangle 的內容 (例如存取成員變數)，由於此時必須存取實體的內容，所以仍需將 Rectangle 的檔頭檔匯入。

11.2.4 介面扮演的角色（The Role of the Interface）

介面檔 (.h 檔) 的目的是為了宣告一個類別內容來讓別人使用。它包含了任何與這個類別進行互動所需要的相關資訊。以下是介面在整個程式架構中所扮演角色的一個摘要：

- 介面檔提供使用者對於整個繼承樹的連入點。它提供別人存取整個繼承樹類別或是加入繼承樹的方法：繼承該類別或是將該類別做為一個變數來存取。
- 介面檔提供編譯器足夠的資訊，讓編譯器知道這個類別的物件含有什麼實體變數 (instance variables) 可以使用，什麼變數能夠讓它的子類別使用。
- 介面提供方法 (methods) 的宣告，讓其他使用者知道該傳送何種訊息給這個類別的類別物件 (class object) 和實體物件 (instance object)。

11.3 小結

本章介紹了 Objective-C 裡面最基本的幾個名詞：object、class 和 interface 相關的概念，這些概念大多和其它物件導向語言有相當程度的相似性，其中唯一的例外大概就是 Objective-C 中關於 message 的用法，這個觀念在爾後的應用中相當的重要，例如 selector 代表著一個方法的名字，這個概念普遍地存在於許多範例之中，相信許多讀者在初步看完之後，也許感覺上已經了解了，但是之後在看到請多範例時可能還是會感到困惑，因此若讀者們在看參考文件時若一時無法體會如何取得 selector 時，回到這一章再複習一下將會有很大的幫助。

11.4 習題

1. 請說明 Objective-C 中 id 的意義為何？

2. 請簡單寫一個 Objective-C 中類別的宣告。

3. 請問在 Objective-C 中要如何匯入別的類別？

4. 請問下例何者不是正確的 Objective-C 的宣告：

    (1) id myObject.

    (2) NSString myString.

    (3) float fPoint.

    (4) BOOL filled.

5. 下列何者是合法的類別方法宣告：

    (1) - (void) SetParam1：(int)param1 Param2：(int)param2;

    (2) + (id) stringWithString:(NSString *)aString

    (3) - (int) SetParam1：(float)param1 Param2：(int)param2;

    (4) - (float) SetParam1：(double)param1 Param2：(double)param2;

Chapter 12
程式基礎－類別的實作及協定、特性的介紹

本章學習目標：

1. 了解 Objective-C 類別實作相關的細節。

2. 了解 Objective-C 協定的功能及使用時機。

3. 了解 Objective-C 特性的原理及使用。

前面的章節中介紹了如何宣告一個類別，這一章將更進一步地介紹類別的實作和 Objective-C 中另一個重要的觀念：**協定**。在最後則會針對初學者最容易感到疑惑的主題：特性 (property) 來詳細介紹，待本章完成後讀者們將會對 Objective-C 有更深入的了解，同時在經過這幾章的介紹後，讀者們將會有能力自行閱讀許多坊間 Objective-C 相關的範例程式。

Learn more▸

Written by 彭煥閔

12.1 類別的實作（Implementation）

類別的實作由 @implementation 開始，由 @end 結束，除了實作本身的內容外，我們
也須將類別的宣告滙入，下面是實作檔的格式：

```
#import "ClassName.h"        //滙入類別的宣告。
@ implementation ClassName  //說明這個實作類別的名稱。
@synthesize property         //告訴編譯器有哪些特性需要合成。
method definitions           //方法的實作
@end                         //結束類別的實作。
```

方法的實作方式類似方法的宣告，用大括號將實作的內容包起來。

```
+(id) alloc
{
        …
}
-(BOOL)isFilled
{
        …
}
-(BOOL)setFilled：(BOOL)flag
{
        …
}
```

12.1.1 合成特性（synthesize property）

在類別中宣告的特性，在實作檔中必須使用 @synthesize 來要求編譯器產生這些特性的
實作。因此當介面檔宣告了以下的特性

```
@property (nonatomic，retain) UIView * testView;
@property (atomic) int fileCount;
@property (nonatomic，assign) UIMyDelegete * delegate;
@property (nonatomic，assign) UIView * parentView;
```

在實作檔中必須使用如下行程式的方式，來通知編譯器將這些特性實作出來。

```
@synthesize testView，fileCount，delegate，parentView;
```

12.1.2 存取實體變數（accessing instance variables）

在方法中存取自己的實體變數只要直接使用變數的名稱即可。舉個例來說，如果目前的實體有一個叫做 filled 的實體變數。下面是一個存取這個變數的例子：

```
-(void) setFilled：(BOOL)flag
{
        filled = flag;
}
```

但若是在方法中要存取其他實體的實體變數，則必須明確地指定實體的值，就如同下面例子中，我們將在 makeIdenticalTwin 中設定其中一個變數：

```
@interface Sibling：NSObject
{
        Sibling * twin;
        int gender;
        struct feature * appearance;
}
-(void)makeIdenticalTwin;
@end
```

下面是 makeIdenticalTwin 的實作：

```
-(void)makeIdenticalTwin
{
        if(!twin)
        {
                twin = [[[Sibling alloc] init];
                twin->gender=gender;
                twin->appearance=appearance;
                … //其他關於twin的操作.
        }
        return;
}
```

> 「->」運算子是一種專屬於物件指標的一種運算子。這個運算子的功能是提供使用者存取物件成員的一個方法。以上例來說「twin」本身是一個物件指標，因此可以使用「->」運算子來存取它的 gender、appearance 這兩個成員變數。

12.1.3 實體變數的適用範圍 (The scope of Instance Variables)

一般來說，在設計一個類別時，有三種變數的適用範圍可供我們在定義變數時使用，這三個範圍分別為 private、protected 和 public。下面是這三種範圍的摘要介紹：

指令	說明
@private	只允許在「宣告它們的類別」中存取。
@protected	允許在「宣告它們的類別或是繼承它的類別」中存取。
@public	允許所有人存取。

舉個例子來說如果我們要設定一個類別來管理某人的財產，我們可以將這個人的財產分成三類，private 顧名思義就是這個人的私房錢，沒打算給別人用的，不管是任何人都不知道這人的私房錢到底有多少，而 protected 就像是要留給子孫的，他的子孫們都可以拿來用，public 就是這個人拿來做公益捐出來的，任何人都能夠拿來使用。

> 在目前的 iPhone 系統中有另一種型態的變數範圍稱為 @package，通常在製作 framework 時使用，這種類型的變數在同一 framework 中和 @public 相同，但對 framework 外的 class 則視同 @private。

圖 12-1 為上面表格的說明。

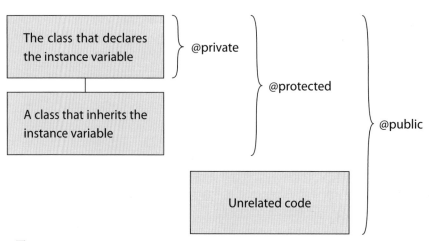

■ 圖 12-1

下面是一個範例：

```
@interface Worker：NSObject
{
        char *name;
@private
        int age;
        char *evaluation;
@protected
        id job;
        float wage;
@public
        id boss;
}
```

在預設的情下，任何沒有標示範圍的變數(如上面的name變數)皆為protected。

12.1.4 傳送訊息給self和super(Messages to self and super)

Objective-C 提供了兩個相當實用的隱藏「指標變數」給自己的方法使用：self和super。self可以完全視為一個指向目前實體的實體變數，所有可以對目前實體進行的工作都可以透過self來達成；super則僅能做為訊息的接收者(receiver)。兩者的差別在於對收到訊息時的搜尋起始點不同。以下是這兩者在收到訊息時的動作：

self	由目前的實體開始搜尋。
super	直接由目前定義這個方法的類別的父類別開始搜尋。

底下我們用程式碼來檢視一下這兩個變數搜尋的流程：

首先，我們先定義High、Mid、Low三個interface：

```
@interface High：NSObject
- (void) negotiate;
@end
@interface Mid：High
- (void) negotiate;
- (void) SelfTesting;
- (void) SuperTesting;
@end
@interface Low：Mid
```

```
- (void) negotiate;
@end
```

接下來是這三個介面的實作，我們在這些方法中印出它們執行的過程：

```
@implementation High
- (void) negotiate
{
        NSLog (@"This is negotiate from High!!");
}
@end
@implementation Mid
- (void) negotiate
{
        NSLog (@"This is negotiate from Mid!!");
}
- (void) SuperTesting
{
        [super negotiate];
        NSLog (@"This is SuperTesting from Mid!!");
}
- (void) SelfTesting
{
        [self negotiate];
        NSLog (@"This is SelfTesting from Mid!!");
}
@end
@implementation Low
- (void) negotiate
{
        NSLog (@"This is negotiate from Low!!");
}
@end
```

讓我們用程式碼檢視一下使用上面的三個類別會有什麼結果：

首先讓我們對目前的實體呼叫 SelfTesting 方法：

```
01 Low * test = [[[Low alloc] init] autorelease];
02 NSLog (@"Start self test：");
03 [test SelfTesting];
```

在上面的第三行 (編號03) 中，我們由目前的類別呼叫只存在於它的父類別才有的方法：SelfTesting。這個訊息會進行以下動作：

1. 到現在的實體中尋找 SelfTesting 這個方法。

2. 因為找不到，所以它繼續往它的父類別尋找這個方法。

3. 在父類別找到這個方法之後，這個方法會執行：[self negotiate]。

4. 再從目前的實體中尋找到 negotiate 這個方法。

所以我們得到了下面的結果：

```
Start self test：
This is negotiate from Low!!
This is SelfTesting from Mid!!
```

接下來，我們試著呼叫 SuperTesting 來看看會發生什麼事：

```
04 NSLog (@"Start super test：");
05 [test SuperTesting];
```

在第五行 (編號05) 中，尋找的流程一樣，但是這次找的方法是 SuperTesting，在這個方法中會執行：[super negotiate]，這時搜尋 negotiate 的目標將不是由目前的實體開始，而是由「定義這個方法的父類別」，也就是 High 這個類別開始搜尋。最後我們執行了 High 這個類別的 negotiate method，所以得到了下面的結果：

```
Start super test：
This is negotiate from High!!
This is SuperTesting from Mid!!
```

在上面的例子中，若想要使用 Mid 的 negotiate 就必須直接建立 Mid 這個類別的實體，然後呼叫它。

由以上的例子可以了解到 self 和 super 的使用方式。這兩個隱藏變數在程式中扮演了相當重要的角色，在後面的章節我們將會常常和這兩個變數見面。

12.2 物件的配置及初始化

在使用一個物件之前，首先要做的事就是先產生這個物件，然後就是對這個物件做一些初始化的動作，接下來這個小節將會對這兩個動作做進一步的介紹。

12.2.1 物件的配置及初始化

在 Objective-C 裏建立一個物件有兩個步驟：

- 動態配置記憶體給新的物件。
- 呼叫適當的物件初始方法，初始化物件。

當上面兩個步驟執行完成後，物件才能夠正常地使用。下面是一個建立物件常見的範例：

```
id newObject = [[MyCustomClass alloc] init];
```

上面這個式子可以分成兩個部分來看：

1. [MyCustomClass alloc] 負責配置記憶體給新的物件。
2. [object init] 呼叫物件的 init 初始化方法。

第二式中的 object 就是在第一個式子中配置得來的物件。在第一式中的 alloc 會向系統要求記憶體來給即將產生的實體使用。

若物件提供不同的初始化方法，亦可視狀況來決定要呼叫哪一個，可能是 init，也可以是 initWithSomething 等專屬於該物件的初始化方法。

12.2.2 合併物件的記憶體配置和初始化

除了屬於實體的初始化方法之外，許多類別也提供了類別的初始化方法，類別的初始化方法是將記憶體的配置和物件的初始化合併在一個步驟中完成。如下面就是一個 NSString 類別初始方法：

```
+ (id)stringWithString:(NSString *)aString
```

在實務上，使用上面這個方法產生一個在 autorelease pool 的 NSString 物件。如：

```
NSString * myString = [NSString stringWithString:@"This is a autorelease string"];
```

執行完後 myString 的值為「This is a autorelease string」，但是 myString 物件因為是由類別方法產生的，因此會有一份副本存在 autorelease pool 中，我們只能在目前的方法中安全地使用它。

以下是上面字串呼叫 retain 的方法：

```
[myString retain];
```

類別和實體初始化方法不同的地方是：實體的初始化方法，作用的對象必須是一個實體，而類別方法的對象則是類別的名稱，換句話說，在使用實體的初始化方法之前一定會有一個 alloc 的過程來負責配置實體所需的記憶體。

一般來說，類別的初始化方法會直接回傳一個已經在 autorelease pool 的實體。不過也有一些類別初始方法回傳的是一個共用的實體變數，因此關於類別方法回傳的物件的記憶體管理，有時會需要參考其他的文件才能知道其內部正確運作方式。

為什麼 autorelease pool 裏的東西只能保証在目前的方法內能正常使用呢？

因為 autorelease pool 可能會在離開目前方法後的任何時間呼叫 myString 的 release 方法，這時 myString 的 retain count 會被減 1，若此時 myString 的 retain count 變成 0 的話，myString 就會被系統釋放，後面如果有其他人要再次存取這個變數就會造成存取違規，因此我們必須呼叫 myString 的 retain 來幫 myString 的 retain count 加 1，以確保 myString 不會在一離開目前的方法範圍 retain count 變成 0，被系統釋放掉。

12.2.3 實作初始化方法（Initializer）

要實作初始化方法時必須參考下列幾個準則：

1. 初始化方法必須由init開頭。例如：initWithFormat:、initWithObjects:。

2. 初始化方法的回傳值型態必須為id。

3. 若要設定自訂的初始化方法，在方法中必須呼叫上層類別中的預設初始方法。大部分的類別的預設初始方法為：init。如：NSObject。

4. 必須將上層初始方法的回傳值指定給self。

5. 設定類別內部變數的初始值。通常在初始化方法中會直接對變數進行設定，而非透過存取方法 (accessor) 來設定以避免一些不必要的狀況發生。例如：在實作accessor時也許可能會參考到其他變數，而這個變數還沒被設定過，隨意存取可能會造成存取違規。

6. 在初始化方法結尾時，一切正常則回傳self，若有異常則回傳nil。

下面是一個常見的初始化方法樣式：

```
-(id) init {
        if((self = [super init])) { //注意，這一行是指定，而不是比較。
                myVariable1 = 1;
                myVariable2 = 2;
                myVariable3 = 3;
        if(something error)
            {
                [self release];
                return nil;
                }
        }
        return self;
}
```

在上面的例子中

```
self = [super init]
```

這種寫法是在Objective-C中初始化方法常用的一種錯誤控管機制，因為我們無法保証初始化方法的結果是一定成功，因此在初始化方法中若遇到了錯誤就應該要呼叫 [self release] 並傳回 nil。而上面這一行可以在我們呼叫父類別的初始化方法時遇到錯誤時直接回傳 nil 而不必進行額外的初始化工作 (記得我們在之前曾說明 nil 的值為 0 嗎？故 self=0 會使得 if 條件值為 0，而直接跳至 return self 然後離開初始化方法)。

上述的 self = [super init] 用法普遍出現在 Apple 提供給 xcode3 之前的範例檔中，在 xcode4 的版本之後，若這個指定的敘述沒有多加上一層括號，xcode4 會出現警告訊息：「Using the result of an assignment as a condition without parentheses」，就字面上解釋加上筆者的推測，這可能是因為 xcode 偵測到這一行是一個指定敘述，因此結果並不一定是以 BOOL 的方式回傳，所以就有可能不符合 if 條件式的要求，這樣的錯誤可能是程式人員不小心把「==」打成「=」或是其他原因造成的，因此 xcode 除了提供這個警告之外，也提供了兩個解決這個警告的方法，一是為這個式子加上括號，另一個則是將式子中的等號變成比較符號「==」，就我們的目的來說，加上一層括號才是我們所要的。

12.3 協定（Protocol）

協定在Objective-C裏相當的常見，在iOS中所有UI元件幾乎都有的委派（delegate），
基本上就是協定常見的一個實例，本小節將針對這個觀念做進一步地介紹。

12.3.1 什麼是協定？

協定類似C++裏的interface，基本上可視為是許多方法宣告的組合。

以下是幾個和滑鼠回應相關的方法：

```
- (void)mouseDown:(NSEvent *)theEvent;
- (void)mouseDragged:(NSEvent *)theEvent;
- (void)mouseUp:(NSEvent *)theEvent;
```

任何一個類別若想要提供和滑鼠動作相關的反應就可以實作上面這些方法。我們
用一個協定MouseMoveResponse來將這些方法包起來，當別人看到某個類別有實作
MouseMoveResponse這個協定時，就會知道這個類別有提供一些對滑鼠反應的功能。

12.3.2 協定的宣告（Formal Protocols）

我們使用@protocol來宣告協定並以@end來結束協定的宣告，以下面是在iPhone開發
裏最常看到的協定 NSObject的定義(僅截取部分做為範例)：

```
@protocol NSObject
- (BOOL)isEqual:(id)object;
- (Class)superclass;
- (Class)class;
- (id)self;
- (NSZone *)zone;
- (id)performSelector:(SEL)aSelector;
- (id)performSelector:(SEL)aSelector withObject:(id)object;
- (BOOL)isKindOfClass:(Class)aClass;
- (BOOL)isMemberOfClass:(Class)aClass;
- (BOOL)conformsToProtocol:(Protocol *)aProtocol;
- (BOOL)respondsToSelector:(SEL)aSelector;
- (id)retain;
- (oneway void)release;
```

```
- (id)autorelease;
- (NSUInteger)retainCount;
- (NSString *)description;
@end
```

因為類別 NSObject 實作 NSObject 協定，因此可以直接由這個協定得知所有繼承自
NSObject 的類別至少都有提供以上協定內定義的功能。

12.3.3 Optional protocol methods

在協定中可以宣告某些方法為選用的方法，不一定要實作，這些方法將會以 @optional
開始，使用了 @optional 之後若要再次定義必須實作的方法時，就必須使用 @required
來隔開，在預設的情況下沒有標記的方法都是 required，例如下面的例子：

```
@protocol MyProtocol
- (void)requiredMethod;                        //需實作
@optional
- (void)anOptionalMethod;                      //不需實作
- (void)anotherOptionalMethod;                 //不需實作
@required
- (void)anotherRequiredMethod;                 //需實作
@end
```

底下是另一個常見的協定 UITextFieldDelegate 的宣告 (僅截取部分做為範例)：

```
@protocol UITextFieldDelegate <NSObject>
@optional
- (BOOL)textFieldShouldBeginEditing:(UITextField *)textField;
- (void)textFieldDidBeginEditing:(UITextField *)textField;
- (BOOL)textFieldShouldEndEditing:(UITextField *)textField;
- (void)textFieldDidEndEditing:(UITextField *)textField;
- (BOOL)textFieldShouldClear:(UITextField *)textField;
- (BOOL)textFieldShouldReturn:(UITextField *)textField;
@end
```

這個協定中所有的方法都是 optional 的，在 iPhone SDK 中委派主要做為訊息通知使用，
因此實作此類協定的類別沒有必要為所有的訊息做處理，我們通常可以在以 delegate
為結尾的協定中看到許多 optional 的方法。

在iPhone SDK中可以見到許多協定的使用範例，舉個例來說：許多iPhone SDK中的物件都會伴隨著一個委派的宣告，而這個委派就是協定的一個應用實例。因為委派在iPhone SDK中幾乎可說是隨處可見，因此我們有必要先了解一下委派到底是什麼？

一般來說，委派 (delegate) 的目的是為了：

    1. 讓某個物件能夠將它的一些狀態通知委派。

    2. 委派收到通知後，依據目前的狀態執行某些工作。

舉個例子來說，UITextField這個類別提供了一個讓使用者輸入文字的介面，此外text field也伴隨了一個叫做UITextFieldDelegate的協定來定義一些和text field相關的行為，例如textFieldDidBeginEditing:這個方法表示使用者即將要開始輸入文字。

當使用一個text field物件，而且希望有機會能在使用者開始輸入文字前做一些事，我們就可以宣告一個類別並在這個「類別 (假設這個類別叫做D)」實作UITextFieldDelegate這個協定，然後向text field物件指定「D的實體」是它的委派，這樣的話，當使用者要開始輸入文字的時候，text field就會通知「D的實體」使用者即將要輸入文字，讓「D的實體」有機會在使用者輸入資料前執行一些動作。

當程式在執行時有所謂的「同步執行」和「非同步執行」，下面是這兩者的介紹：

同步執行	當在A方法中呼叫B方法時，A方法必須等待B方法所有的工作都完成以後再繼續執行自己未完成的工作。
非同步執行	當在A方法中呼叫B方法時，A方法不等待B方法的工作完成，馬上執行自己接下來的工作，這時，若我們想要知道B方法的執行結果，就必須要求B方法將它的執行進度回報給某一個方法。

協定在Objective-C裏常用來做為一個類別的 delegate (委派)。當某個物件希望你幫它處理某些事時，它可以透過 delegate 來通知你來幫它完成或者說你可以讓某個類別將它執行完某個工作時，利用 delegate 的方式將結果傳給你，而你再接手之後的工作繼續進行。這種執行模式稱為非同步執行。

12.3.4 Informal Protocols

除了前面介紹的協定之外，還有另外一種利用類別的分類功能來宣告協定的方式，這種協定稱為非正式協定 (informal protocol)。在 iPhone SDK 中，非正式協定通常是用來「擴充」NSObject 的功能。非正式協定在 Objective-C 中的支援比較少，包括不支援動態檢查等功能，一般來說，要實作協定仍是以使用傳統的協定為主，因此對非正式協定僅需大致了解有這個東西，當看 SDK 時知道有這個東西即可，不必對非正式協定進行太深入的研究。下面是 NSObject 裏非正式協定 MyXMLSupport：

```
@interface NSObject ( MyXMLSupport )
- initFromXMLRepresentation:(NSXMLElement *)XMLElement;
- (NSXMLElement *)XMLRepresentation;
@end
```

12.3.5 套用協定

我們使用角括號來宣告一個類別將會套用某一個協定，下面是套用協定的格式：

```
@interface ClassName : ItsSuperclass < protocol list >
```

若要套用 category 的格式，則格式如下：

```
@interface ClassName ( CategoryName ) < protocol list >
```

下面是一個套用兩個協定的類別宣告：

```
@interface Formatter : NSObject < Formatting, Prettifying >
@end
```

12.3.6 遵從協定（Conforming to a Protol）

若有一個類別實作了一個協定，我們稱這個類別遵從這個協定 (comforms to this protocol)。在 Objective-C 裏也提供了一個類似的方法來查詢某個物件是否有提供某個協定的功能，下面就是這個用法的例子：

```
if (  [receiver conformsToProtocol:@protocol(MyProtocol)]  ) {
     //這個物件有支援我們想要用的協定:MyProtocol,可以對
     //這個物件進行相關的操作。
}
```

12.3.7 宣告協定變數

協定的宣告和平常宣告變數很類似,以下是宣告的例子:

```
id < MyProtocol > anObject;
```

若要當作是方法的回傳值則是使用以下方式:

```
- (id < MyProtocol >) myService;
```

12.4 特性（Property）

Objective-C的特性提供我們一個很容易實作物件存取方法 (accessor，也就是所謂的 setter和getter) 的方法。同時也引入了一種新的語法「 dot syntax 」，也就是在object後直接使用「 . 」來存取特性，讓我們能用更直覺的方式來存取類別的資料，如可以使用 myObject.myProperty來存取 myObject裏的 myProperty特性。

宣告一個特性分成兩個步驟：

1. **在interface檔中使用 @property 來宣告類別擁有的特性及該特性的屬性。**

2. **在實作檔中使用 @synthesize 來告訴編譯器依據特性的宣告來產生對應的setter和 getter方法。**

底下是宣告特性的格式：

```
@property(attributes) type name;
```

下面是一個宣告特性的實例：

```
@interface MyClass : NSObject
{
    float value;
}
@property float value;
@end
```

上面宣告了一個叫做value的特性。而這個特性如果沒有特別指定的話，會和value (和特性同名同型態的變數) 這個float變數進行連結。

> 在使用特性時有一個觀念在謹記在心的事就是：特性在使用上非常像是變數的存取，但是在本質上卻是在執行存取方法，因此在剛學習特性這個主題時請記住在看到「 . 」這個符號時，腦中閃過的念頭必須是方法的存取而不是變數的存取，這樣爾後在使用特性時才不會和成員變數產生混淆。

12.4.1 Attributes（屬性）

特性使用屬性來決定它將提供什麼能力，當在實作檔中使用 @synthesize 之後，編譯器會依據特性的屬性設定來決定要產生什麼樣的實作方法。同時可以指定合成要如何產生 accessor（setter 和 getter）的名字。以上例來說，如果使用：

```
@synthesize value = _value;
```

編譯器就需要把原來和 value 變數的連結，改成和 _value 這個變數的連結，因此上面的特性宣告必須改成如下格式才能正常運作：

```
@interface MyClass : NSObject
{
    float  _value;
}
@property float value;
@end
```

特性的屬性有數種相關的值可以指定，下面將為這些設定做進一步的介紹：

12.4.2 指定 accessor 的名字

在預設的情況下，accessor 的名字是「 setPropertyName: 」和「 PropertyName 」。以上面的例子來說，特性的名字叫做 value，所以這個特性的 accessor 就是 setValue: 和 value。Objective-C 允許使用 setter=setterName 和 getter=getterName 的設定來改變預設的 accessor 名稱，但若是唯讀的特性則只能針對 getter 做改變。

Attribute	說明
Setter	指定 setter 的名稱，預設是 set 加上大寫開頭的特性名稱和一個冒號 (:)。冒號後面將會和傳入特性相同資料型態的參數，若是唯讀的特性則沒有這個屬性。
Getter	指定 getter 的名稱，預設為特性的名稱。

舉個例來說，若特性的名稱為 myName，則這個特性的 setter 為：「 setMyName: 」而 getter 則是：「 myName 」。這時

```
NSString * name = object.myName;
```

意思和

    NSString * name = [object myName]

相同，而

    object.myName = @"MyName";

和

    [object setMyName:@"MyName"];

是相同的。

12.4.3 設定讀寫權限

特性共有兩種讀寫權限可以設定，一個是唯讀，另一個則是可讀可寫，預設值是可讀可寫，若要設定成唯讀請使用 readonly 來設定，而設定成可讀可寫則是使用 readwrite 來設定。

屬性	說明
readonly	表示這個特性是唯讀的，將無法指定值給此特性。編譯器不會為 readonly 的特性實作 setter 方法。
readwrite	預設值。編譯器會為這個特性實作 setter 和 getter 方法。

12.4.4 指定 setter 的行為

指定 setter 的行為，目的是要決定當使用者要指定特性值時，setter 該用什麼方式來設定這個特性。setter 總共有 3 種行為可以指定，分別是 assign、retain 和 copy。

屬性	說明
assign	預設值。會直接把等號右邊的記憶體位址指定給左邊，通常是給像 float、int 或是 struct 之類的特性使用。若是給物件或是協定時，則是視為指標的指定（將等號右邊指標的值直接拷貝給左邊）。

retain	• 除了將等號右邊的值指定給左邊之外，還會呼叫新值的 retain 和原值的 release。也就是將值指定給特性後，會將新值的 retain count 加 1 並將原值所指向物件的 retain count 減 1。 • 這個屬性只能指定給 Objective-C 物件或是可視為 Objective-C 物件的變數。
copy	• 指定使用物件的 copy 方法來進行指定，同時會呼叫原值的 release。 • 這個屬性只能指定給 Objective-C 物件或是可視為 Objective-C 物件的變數。同時這個物件必須實作 NSCopying 這個協定。

在 class 的實作內部使用 instance variable 和 property 時，使用 instance variable 等同使用 assign，而使用 property 則會透過 accessor 來存取，舉個例來說，若在方法中有 retain 屬性的 property：myObject

使用：

```
01 self.myObject = newObject;
02 myObject = newObject;
```

第一行的 myObject 變數的最後會等於 newObject，並將這個物件的 retain count 加 1，而原來 myObject 指向物件的 retain count 會被減 1。

而第二行的 myObject 會重新指向 newObject，也就是 myObject 這個變數的值直接被換掉了，因此雖然 myObject 的值變成了 newObject，但是兩者 (myObject 指向的舊物件和新物件) 的 retian count 都維持不變。若這時原來的 myObject 沒有 release 的話，就可能會造成 memory leak。

12.4.5 Atomicity

Atomicity 指的是 accessor 必須一次完成所有的工作，在整個 accessor 方法的取存過程中不允許其他指令插入執行的流程。若特性有可能在多執行緒之間存取的話，就必須將特性指定為 atomic。

屬性	說明
nonatomic	不做 atomic 保護。
atomic	這是預設值，在 Objective-C 中並沒有這個 keyword，因此當特性不是 nonatomic 時就是 atomic。不需要額外指定。

若 property 沒有指定為 nonatomic 時，我們可以想像這個 accessor 裏面有一個 critical section 存在，在這個方法內的動作都會受到保護，同一個時間內只有一個人能夠存取這個 property，此時 accessor 裏的實作可能會是類似下面的結構：

```
{
    [_internal lock]; // 進入 critical section.
    // 進行和這個特性相關的工作.
    id result = [[value retain] autorelease];
    [_internal unlock]; // 離開 critical section.
    return result;
}
```

這個屬性在多執行緒的環境中非常重要，因為在多執行緒中，如果各執行緒會同時存取某一個變數的話，沒有受到保護的變數可能會在存取過程中遭到其他執行緒的修改而造成錯誤。因此將多執行緒中會共同存取到的變數設定成 atomic 是必須的，但是設定成 atomic 會有效能變差的副作用，若沒有必要的話，property 仍是使用 nonatomic 為主。

當回顧類別的方法宣告時，我們提到了方法有類別方法和實體方法，但是在介紹變數相關的設定時卻只有介紹實體變數而沒有類別變數，這是因為 Objective-C 並沒有定義類別變數這種東西，此時若我們希望有一種變數是只能夠在同一個類別的實體間共用的話，最接近的實作方法是使用 C 語言中的 static 變數 (在全域變數前加上 static 關鍵字)，舉個例來說，當我們在實作檔裏宣告了一個 static 變數：

```
static int myShareVariable;
```

這時，myShareVariable 的使用範圍將會被侷限在宣告這個變數的檔案內，如此一來，所有在這個檔案內實作的類別，他們的實體就可以共用這個變數，這樣即可擁有類似類別變數的功能。

舉個例來說，如果我們用一個車子類別來產生許多車子的實體，這時如果想要為這些車子的實體編號，使用上面介紹的這種變數就可以很容易地達到我們的要求。當然，全域變數也做得到，但是全域變數允許所有的類別都能進行修改，因此這個時候，static 變數能進一步地限制存取的範圍，更能符合我們的需求。

12.4.6 property 綜合範例

下面是一個關於使用特性的綜合範例：

▲ 宣告：

```
01 @protocol Link
02 @property id <Link> next;
03 @end
04
05 @interface MyStudent : NSObject <Link>
06 {
07      NSString  name;
08      CGFloat _grade;
09      id <Link> nextLink;
10 }
11
12 @property(readonly, retain) NSString name
14 @property CGFloat grade;
15 @property(readonly, getter=nameAndAge) NSString *nameAndGrade;
16 @end
```

▲ 實作：

```
01 @implementation MyStudent
02 @synthesize grade = _grade ; // 用 _grade 變數來做為特性 grade 的儲存空間。
03 @synthesize next = nextLink;
// 用 nextLink 變數來做為特性 next 的儲存空間。
// 因為 next 特性沒有設定額外的屬性，所以是使用預設值
// atomic 和 assign。
04 @synthesize name;
05 // 實作 grade 的 getter，若不實作的話編譯器會自動合成。
06 - (CGFloat)grade {
07    return _grade;
08 }
09 // 實作 grade 的 setter，若不實作的話編譯器會自動合成。
10 - (void)setGrade:(CGFloat)aValue {
11    _grade = aValue;
12 }
13 // 實作 nameAndAge 的 getter，因為這是唯讀的，所以沒有 setter。
14 - (NSString *)nameAndAge {
15    return [NSString stringWithFormat:@"%@ (%f)", self.name, grade];
16 }
```

```
17
18 - (id)init {
19    if (self = [super init]) {
20      _grade = 60.0;
21    }
22 return self;
23 }
24
25 - (void)dealloc {
26    //在 dealloc 使用 self.property = nil 來釋放特性可以避免程式
27    //設計人員因為疏忽忘記使用 release 造成 memory leak 的問題。
28    self.nextLink = nil;
29    self.name = nil;
30    [super dealloc];
31 }
32 @end
```

12.5 小結

本章我們介紹了如何實作 Objective-C 的類別，也介紹了兩個很重要的主題：協定和特性，這些可以說是開發人員進入 Objective-C 開發的門檻之一，尤其是「特性」這個觀念對剛入門的人來說特別容易和類別本身的變數產生混淆，而造成這種混淆的結果通常就是程式莫明奇妙地當掉卻找不到原因。本章介紹的基本概念並不難，只需多花點花心思去理解，當以後遇到本章所提到的問題時，多研究幾次自然就能迎刃而解。

12.6 習題

1. 下列何者不是正確的 message 語法：

    (1) [receiver message];　　　(2) [newRect setColor:];

    (3) [myPicture setOriginX:30.0 Y:50.0];

    (4) [receiver makeGroup:group,memberOne,memberTwo];

2. 下列何者不是正規初始化方法的宣告：

    (1) –(id) init;

    (2) –(id) initWithString:(NSString *)string;

    (3) –(id) createString:(NSString *)string;

    (4) –(id) initWithFormat:(NSString *)formatString;

3. 下列何者不是定義協定的目的：

    (1) 定義一些方法，讓別人能實作它。

    (2) 為物件定義一些方法，讓別人能夠直接透過協定來存取它，而不必了解整個物件的實際架構。

    (3) 為沒有繼承關係的類別定義共通的介面，讓別人不必了解這些類別之間的差異，只須利用共通的協定即可進行資料的交換。

    (4) 定義一些變數，讓別人能繼承它。

4. 下列何著不是在宣告特性時使用的 attribute：

    (1) nonatomic.　(2) getter.　(3) atomic.　(4)retain.

5. 請說明在設定屬性時，assing 和 retain 的差別是什麼？

Chapter 13
程式基礎 —
述句 & Blocks Programming

本章學習目標：

1. 了解何謂述句。

2. 了解流程控制相關的述句及應用的時機。

3. 了解 iOS 中 block 的意義。

述句 (Statement) 是 Objective-C 程式執行的最小單位。述句在程式中的地位相當於我們
日常生活中的句子。就如我們在說話時是一句一句地往下說，Objective-C 在預設情況
下也是依據述句的出現順序來執行程式。

Learn more▸

Written by 彭煥閎

基本上述句以分號 (;) 做為結束。例如一個算式 ival+10 若是以分號結束，它就是一個述句，而這種述句我們稱之為簡單述句 (simple statement)。一般來說，除非程式非常地簡單，否則單純地循序執行每個述句不太可能會符合我們的需求，因此 Objective-C 提供了特殊的控制流程讓我們可以「重覆地」或是「有條件地」執行述句。我們可以利用這些控制流程一直重覆執行一系列類似的事，或是依據某些條件來執行某些事情，這些控制流程大多繼承自 C 語言，不過 Objective-C 也提供了一些新的控制流程讓我們能夠用不同的方式 (就某些情況來說是更方便) 來撰寫程式。

Block 是 iOS 在 4.0 之後新增的程式語法，嚴格來說 block 的概念並不算是基礎程式設計的範圍，對初學者來說也不是很容易了解，但是在 iOS SDK 4.0 之後，block 幾乎出現在所有新版的 API 之中，換句話說，如果不了解 block 這個概念就無法使用 SDK 4.0 版本以後的新功能，因此雖然 block 本身的語法有點難度，但為了使用 iOS 的新功能，我們還是得硬著頭皮去了解這個新的程式概念。

本書的目標以了解如何使用 block 為主而不深入探討 block 底層的運作方式，至於有些初學者較少遇到的辭彙如「詞法作用域 (lexical scope) 」等，本書將不再多做解釋，待有興趣的讀者到 Google 搜尋吧。

13.1 簡單述句和複合述句
（Simple Statement and Compound Statement）

在Ojective-C中述句分成兩大類別：

簡單述句	以分號 (;) 做為結束的句子。
複合述句	由左大括號 ({) 開始，由右大括號 (}) 結束，在括號的區塊內可以包含許多簡單述句；此外，複合述句不需要以分號結束。

13.1.1 簡單述句（Simple Statement）

最簡單的述句是所謂的空述句：

```
; //空述句,只有分號
```

雖然上面的空述句什麼事也沒做，但它仍然是一個合法的述句。一般來說空述句主要是用在程式中必須出現述句，但是我們又沒有其他額外工作可做的地方，例如 (本例中的while迴圈述句將在後面的章節做進一步的介紹)：

```
while( *string++ = *inBuff++)
    ;
```

上面的程式主要的功能是利用while迴圈來拷貝字串，但是在Objective-C中，while迴圈後面必須要有一個述句才能讓程式正常運作，因此當我們在迴圈內沒有什麼事要做時，就可以用空述句來協助我們完成這段程式。

在程式中出現沒有用的空述句並不會造成任何錯誤，如下面這個例子：

```
ival = dval + sval;; //有兩個分號
```

上面的例子中，因為有兩個分號，所以有兩個述句，第一個是對ival變數的指派，另一個則是空述句。在這的空述句沒有任何功用，也許只是設計人員的一時手誤，但是並不會對程式的執行結果造成任何影響。

常見的簡單述句有以下幾種，它們的例子及簡要說明如下：

述句	例子	說明
宣告 (Declaration)	int ival;	定義一個變數。
算式 (Expression)	ival+5; 3.14;	由一個或多個運算元 (例子中的 ival、5、3.14) 加上運算動作 (第一例中的「+」) 所組成。
指派 (Assignment)	ival = ival + 5;	將等號右邊的結果指定給左邊的變數。

13.1.2 複合述句（Compound Statement）

依照語法，選擇述句和迴圈述句 (將在後面的章節介紹這兩類述句) 都允許使用簡單述句，但是在實作上，簡單述句很難符合大家的需求，因為程式的邏輯通常會需要一次進行許多的工作才算是完成一件事。所以我們必須將一堆簡單述句組合起來變成複合述句來達成我們的需求。例如我們可以使用下面的複合述句來判斷兩個變數 ivar0 和 ivar1 的大小，當 ivar0 大於 ivar1，我們就將這兩個變數的值交換：

```
if( ival0 > ival1)
{
        int temp = ival0;
        ival0 = ival1;
        ival1 = temp;
}
```

上面由左大括號開始，一直到右大括號結束的內容就是複合述句，這個範圍我們稱之為區段 (block)，所有在區段內宣告的變數 (例如上面的 temp 變數) 的生命週期都只存在於目前的區段內，以上面的例子中，temp 這個變數在離開區段後就不存在了，所以不可以在區段外去使用 temp 這個變數。

複合述句被視為單一的執行單元，任何允許簡單述句出現的地方都可以使用複合述句。

13.1.3 流程控制

在 Objective-C 中的流程控制分為兩大類，它們的功用及說明如下：

控制流程	說明	例子
迴圈述句	重覆執行一組指令，直到某種判斷條件達成為止。	for、while、do-while
選擇述句	依據某些判斷條件 (condition) 來決定要執行何種述句。	if、switch

在後面的小節中，我們將為這些控制流程做一個簡要的介紹：

13.1.4 for、while、do-while 迴圈述句

當我們想要重覆一直執行許多類似的動作時，迴圈述句能夠為我們簡化這些重覆的工作，各種迴圈述句的基本功能大致是相同的，不同的地方在於它們該如何地去重覆執行這些動作。底下是這幾種迴圈主要特性的說明：

迴圈	特性	註解
for	使用 1. 起始狀態 2. 終止條件 3. 算式，決定起始狀態要如何到達終止條件的方法。 尚未到達終止條件時程式會重覆執行。	區段內程式執行的次數由算式的結果決定。因為條件式可以一開始就已經到達了終止條件，所以整個區段有可能一次都沒有執行到。
while	使用「條件算式」在區段執行前先做檢查，並以檢查的結果做為是否要繼續執行的條件。	
do-while	1. 執行 do 區段的程式。 2. 區段內的程式執行完後再依「條件算式」的結果來決定是否要繼續重覆執行區段內的程式。	因為一開始不需檢驗算式的結果，因此，do 區段的程式，「至少會被執行一次」。

除了要了解幾種迴圈之間的差異和使用時機之外，如果擔心自己記不起來這些迴圈的語法，Xcode 非常貼心地在輸入上面這些相關關鍵字時，會自動出現提示的語法，因此我們不必刻意地去背這些語法，以下是上面三種類型的迴圈分別會出現的提示和範例：

```
for ( initial ; condition ; increment )
    statements
}
```

■ 圖 13-1

```
while ( condition ) {
    statements
}
```

■ 圖 13-2

```
do {
} while ( condition )
```

■ 圖 13-3

上述的 do-while 提示最後面需要再加入一個分號「；」才是完整的句法，系統提示並沒有自動將這個分號加入，如果我們忘記加上最後的分號，程式在編譯後會出現以下錯誤：

　error: expected ';' before 'do-while 迴圈的下一行程式碼'

當我們遇到這個錯誤提示時，記得將這個分號補回程式碼即可修復這個錯誤。

當提示出現之後，我們只要將提示的字修改成合適的語法即可以完成整個述句，相當地方便。

在迴圈執行的過程中，我們可以用 break 或是 continue 來立刻中止迴圈的動件或是立刻進行下一次的迴圈：

- **break**：立刻終止迴圈的執行，所有剩下的步驟都會被跳過。

- **continue**：停止執行目前這一次的迴圈內容，立刻進行下一次的迴圈。

上述的幾種迴圈敘述都必須仰賴算式的結果來決定程式的流程，因此在使用迴圈敘述時，必須要小心算式的內容，若算式的內容造成終止條件永遠無法達成時，我們稱這時程式進入了無窮迴圈，這時在區段內的程式會一直被重覆執行而不會終止，這種情況在一般的程式設計中是非常嚴重的錯誤，在某些情況下甚至會將系統資源耗盡，因此，在使用所有迴圈敘述時，一定要特別注意算式的設計，以免造成意想不到的錯誤。

上面介紹的幾種迴圈都是在C語言就已經存在的語法，Objective-C除了支援上述語法之外，也提供了一種新的for迴圈來給我們使用。這種新的for迴圈特別適合「判斷條件使用集合類別」的情況，下面是這種for迴圈語法的定義：

```
for (type item in collection)
{
    statements
}
```

或是

```
type item;
for (item in collection)
{
    statements
}
```

上面的「collection」指的是有實作「NSFastEnumeration」協定的集合類別。而「item」則是在這些集合物件中的元素，在Objective-C中常見的集合類別有：

- **字典** (NSDictionary、NSMutableDicationary)

- **陣列** (NSArray、NSMutableArray)

- **集合** (NSSet、NSMutableSet)

若我們想要重覆執行的工作和上述這些類別的內容有關係時，這種新的語法就可以提供我們更方便的方式來執行程式。

13.1.5 if 述句

if述句會依據條件的真假值來決定是否要進行某一述句的工作。

if述句的語法如下：

```
if(條件)
        述句
```

if流程控制裏使用的條件可以使用以下兩種：

1. 有初始值的宣告 。

2. 算式 。

下面是條件為「有初始值的宣告」的例子：

```
if(int ival = getValue())
{
        //當判斷條件為真處理的事 。
}
```

上面的例子中，if所使用的判斷條件是「int ival = getValue()」，我們在這個條件裏宣告了一個變數ival，而ival的值則是透過函數「getValue()」來取得。因此當「getValue()」函數的回傳值是一個非零的數值的時候，if的判斷條件為真，因此if內的程式就會被執行。此外，本例中ival是一個區域變數，它的有效範圍僅適用於目前的if述句區段，如果我們想在if述句區段外存取ival變數會導致編譯錯誤。如下面就是一個錯誤的範例：

```
//本例是錯誤的範例 。
if(int ival = getValue())
{
        //當條件為真處理的事 。
}

//下面的程式會造成編譯錯誤 。
if(!ival)
{
//這裏的if是錯誤的用法，因為此處的ival是一個無效的變數 。
}
```

下面是條件為「算式」的例子：

```
int a = 5;
int b = 6;
int c = 7;
if(a+b > c)
{
        //當條件為真處理的事 。在這個例子中因為 5 + 6 > 7，因此
    //這個程式區段將會被執行 。
}
```

在上面的例子中，a、b、c是已經在前面宣告好的變數，在此例中，當a+b大於c時，if區段內的程式碼就會被執行。

13.1.6 if述句的延伸

除了上面介紹的if語法之外，我們也可使用以下幾種if的延伸語法來讓程式有更多的判斷能力，我們將會在後面的小節看到這些變形的例子：

語法	說明
if-else	當條件成立時執行if的區段，當條件不成立時執行else的區段。
if-elseif-else	同時以多個條件做為執行的準則，第一個條件放在if的括號中，第二個條件放在第一個else if括號中，第三個條件放在第二個else if括號中，依此類推，當所有測試的條件都不符合時，程式將會執行else的區段。
巢狀if	在if語法的大括號中執行另一組if的判斷。也就是if語法中包含了另一組的語法。

13.1.7 if-else

當我們需要執行一件「非A即B」的工作時，使用if-else述句即可達成我們的要求，用個實際的例子來說，下面就是一個應用的方式：

```
if(今天下大雨){
    出門要帶雨傘；
}
else
{
    出門要擦防曬；
}
```

if-else述句的語法如下：

```
if(條件)
        述句A
else
        述句B
```

在 if-else 述句中，當 if 裏的條件成立時，述句 A 會被執行，否則述句 B 會被執行。也就是說當條件不成立時，程式將會執行述句 B 內的工作。

13.1.8 if-elseif-else 述句

當我們希望執行的工作必須依賴一個以上的判斷條件來進行分類時，if-elseif-else 述句可以幫助我們達成任務。舉個例來說，如果有一天要寫一個程式是依據目前的氣溫來建議使用者該穿什麼衣服時，我們就不太可能只有「如果氣溫高於攝氏 25 度穿短袖，否則就穿長袖」這種簡單的邏輯判斷。這時 if-elseif-else 就可以提供我們更詳細的分類，以上面的例子來說，這個程式可以變成：

1. **如果 (if) 氣溫高於 25 度穿短袖。**

2. **不然如果 (else if) 氣溫小於等於 30 度或是大於 25 度穿薄長袖。**

3. **不然如果 (else if) 氣溫小於等於 25 度但是大於 20 度穿長袖。**

4. **不然如果 (else if) 氣溫小於等於 20 度大於 10 度，穿厚長袖。**

5. **其他 (else) 情況 (即氣溫低於 10 度) 就穿大衣。**

如此下來，if-elseif-else 就可以幫助我們完成任務。if-elseif-else 的基本語法如下：

```
if( 條件 1 成立 )
{
        述句 A
}
else if( 條件 2 成立 )
{
        述句 B
}
else if( 條件 3 成立 )
{
        述句 C
}
else
{
        述句 D
}
```

上述的 else if 判斷可依程式的需求來增減。

13.1.9 巢狀 if-else

嚴格來說，巢狀的 if-else 不應該視為一個新的分類，所謂巢狀的 if-else 指的就是在 if-else 裏面述句的內容，可以再次使用 if-else 相關的語法來為程式做更進一步的分類，這並不是 if-else 述句專屬的功能而已，所有的述句都可以再包含其他類型的述句來協助達成我們的需求。

> 當我們在使用 if-else、if-elseif-else 這類擁有 else 在結尾的述句時，else 所扮演的角色是「當其他人都無法處理時就交給他」，因此，在所有擁有 else 的述句中，else 區段不一定是一定要存在的，例如在前面的 if、elseif 述句已經包含了所有可能發生的情況時，else 就沒有存在的必要，不過通常程式為了錯誤控管，我們仍會使用 else 區段以避免人為的意外造成前面判斷條件列舉不足造成的錯誤。常見的一種用法就是當 else 沒有任何工作要做，但是程式又跑進來，這時我們會列印一些警告訊息來提醒我們可能有錯誤產生。

13.1.10 switch 述句

switch 述句在許多情況下可視為是 if-elseif-else 述句的變型，當 if-elseif-else 述句所使用的 elseif 判斷條件太多時，我們可以試著將這種很多 elseif 的述句轉換成 switch 述句，當然，我們仍然是依自己的需求來決定是否要使用 switch 述句，因為 if-else 類的述句不見得都可以順利地轉成 switch 述句。

if-elseif-else 述句和 switch 並沒有孰優或孰劣的關係存在。舉個例來說，若我們想寫一段程式來判斷一篇文章裏有幾個英文字母，這時若我們想使用 if-else 來執行這種工作的話，我們會需要利用 26 個判斷式來判別每個字母是否是小寫的英文字母，然後再用另外 26 個判斷式來判別大寫的英文字母，所以為了完成這個工作，我們會需要總共 52 個判斷式，這麼多的判斷式光用想的就夠頭痛了，更別說在一行一行打字時可能還會不小心打錯字，這時 switch 述句就可以幫我們簡化我們想要做的事。

下面是switch述句的語法：

```
switch (條件算式)
{
    case 常數1:
        述句A
        break;
    case 常數2:
        述句B
        break;
    default:
        述句C
        break;
}
```

switch 述句會以算式的結果做為判斷的條件，而switch述句將所有的判斷結果該做的事以「case」來分類，在case後面接的「常數」即是用來做為判斷的值，當算式的結果等於該常數時，常數所在的程式區段就會被執行，當區段結束後，使用break跳離這個switch敘述，若在區段後沒有加入break敘述時，則會進入下一個判斷區段內，以上面的敘述來說，若上面的述句A後面沒有接break的話，程式就會進入「case 常數2」這個區塊。

13.2 初探 Block

在這一小節我們先用一些簡單範例來導入 block 的概念。

13.2.1 宣告和使用 Block

我們使用「^」運算子來宣告一個 block 變數，而且在 block 的定義最後面要加上「;」來表示一個完整的述句 (也就是將整個 block 定義視為前面章節所介紹的簡單述句，因為整個定義必須是一個完整的句子，所以必須在最後面加上分號)，下面是一個 block 的範例：

```
int multiplier = 7;
int (^myBlock)(int) = ^(int num)
{
    return num * multiplier;
};
```

我們使用下圖來解釋這個範例：

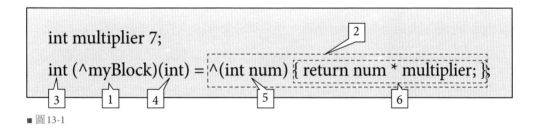

■ 圖 13-1

1. 我們宣告一個「myBlock」變數，用「^」符號來表示這是一個 block。

2. 這是 block 的完整定義，這個定義將會指定給「myBlock」變數。

3. 表示「myBlock」是一個回傳值為整數 (int) 的 block。

4. 它有一個參數，型態也是整數。

5. 這個參數的名字叫做「num」。

6. 這是 block 的內容。

值得注意的地方是block可以使用和本身定義範圍相同的變數，可以想像在上面的例子中，multiplier和myBlock都是某一個函數內定義的兩個變數，也就是這個變數都在某個函數兩個大括號「{」和「 }」中間的區塊，因為它們的有效範圍是相同的，因此在block中就可以直接使用multiplier這個變數，此外當把block定義成一個變數的時，我們可以直接像使用一般函數般的方式使用它：

```
int multiplier = 7;
int (^myBlock)(int) = ^(int num)
{
    return num * multiplier;
};

printf("%d", myBlock(3));
//結果會印出 21
```

13.2.2 直接使用 Block

在很多情況下，我們並不需要將block宣告成變數，反之我們可以直接在需要使用block的地方直接用內嵌的方式將block的內容寫出來，在下面的例子中為qsort_b函數，這是一個類似傳統的qsort_t函數，但是直接使用block做為它的參數：

```
char *myCharacters[3] = {"TomJohn", "George", "Charles Condomine"};

qsort_b(myCharacters, 3, sizeof(char *),
    ^(const void *l, const void *r)
    {
       char *left = *(char **)l;
       char *right = *(char **)r;
       return strncmp(left, right, 1);
    }
    );
```

13.2.3 __block 變數

一般來說，在block內只能讀取在同一個作用域的變數而且沒有辦法修改在block外定義的任何變數，此時若我們想要這些變數能夠在block中被修改，就必須在前面掛上

__block 的修飾詞，以上面第一個例子中的 multiplier 來說，這個變數在 block 中是唯讀的，所以 multiplier = 7 指定完後，在 block 中的 multiplier 就只能是 7 不能修改，若我們在 block 中修改 multiplier，在編輯時就會產生錯誤，因此若想要在 block 中修改 multiplier，就必須在 multiplier 前面加上 __block 的修飾詞，請參考下面的範例：

```
__block int multiplier = 7;
int (^myBlock)(int) = ^(int num)
{
    if(num > 5)
    {
        multiplier = 7;
    }
    else
    {
        multiplier = 10;
    }

    return num * multiplier;
};
```

13.2.4 Block 概要

Block 提供我們一種能夠將函數程式碼內嵌在一般述句中的方法，在其他語言中也有類似的概念稱做「closure」，但是為了配合 Objective-C 的慣例，我們一律將這種用法稱為「block」。

13.2.5 Block 的功能

Block 是一種具有匿名功能的內嵌函數，它的特性如下：

1. 如一般的函數般能擁有帶有型態的參數。

2. 擁有回傳值。

3. 可以擷取被定義的詞法作用域 (lexical scope) 狀態。

4. 可以選擇性地修改詞法作用域的狀態。

詞法作用域 (lexical scope) 可以想像成是某個函數兩個大括號中間的區塊，這個區塊在程式執行時，系統會將這個區塊放入堆疊記憶體中，在這個區塊中的宣告的變數就像是我們常聽到的區域變數，當我們說 block 可以擷取同一詞法作用域的狀態時，可以想像 block 變數和其他區域變數是同一個層級的區域變數 (位於同一層的堆疊裏)，而 block 的內容可以讀取到和他同一層級的其他區域變數。

我們可以拷貝一個 block，也可以將它丟到其他的執行緒中使用，基本上雖然 block 在 iOS 程式開發中可以使用在 C/C++ 開發的程式片段，也可以在 Objective-C 中使用，不過在系統的定義上，block 永遠會被視為是一個 Objective-C 的物件。

13.2.6 Block 的使用時機

Block 一般是用來表示、簡化一小段的程式碼，它特別適合用來建立一些同步 (concurrent) 執行的程式片段、封裝一些小型的工作或是用來做為某一個工作完成時的回傳呼叫 (callback)。

在新的 iOS API 中 block 被大量用來取代傳統的 delegate 和 callback，而新的 API 會大量使用 block 主要是基於以下兩個原因：

1. 可以直接在程式碼中撰寫等會要接著執行的程式，直接將程式碼變成函數的參數傳入函數中，這是新 API 最常使用 block 的地方。

2. 可以存取區域變數，在傳統的 callback 實作時，若想要存取區域變數得將變數封裝成結構才能使用，而 block 則是可以很方便地直接存取區域變數。

13.2.7 宣告 Block 的參考（Reference）

Block 變數儲存的是一個 block 的參考，我們使用類似宣告指標的方式來宣告，不同的是這時 block 變數指到的地方是一個函數，而指標使用的是「＊」，block 則是使用「＾」來宣告，下面是一些合法的 block 宣告：

```
/*回傳void，參數也是void的block*/
void (^blockReturningVoidWithVoidArgument)(void);
```

```
/*回傳整數，兩個參數分別是整數和字元型態的block*/
int (^blockReturningIntWithIntAndCharArguments)(int, char);

/*回傳void，含有10個block的陣列，每個block都有一個型態為整數的參數 */
void (^arrayOfTenBlocksReturningVoidWinIntArgument[10])(int);
```

13.2.8 建立一個Block

我們使用「^」來開始一個block，並在最後使用「;」來表示結束，下面的範例示範了一個block變數，然後再定義一個block把它指定給block變數：

```
int (^oneFrom)(int); /* 宣告 block 變數*/

/*定義block的內容並指定給上面宣告的變數*/
oneFrom = ^(int anInt)
{
    return anInt = -1;
};
```

13.2.9 全域的Block

我們在可以在檔案中宣告一個全域的block，請參考以下範例：

```
int GlobalInt = 0;
int (^getGlobalInt)(void) = ^(void){return GlobalInt;};
```

13.2.10 Block和變數

接下來的這一小節我們將會介紹block和變數之間的互動。

▲ 變數的型態

我們可以在block中遇到平常在函數中會遇到的變數類型：

- 全域 (global) 變數或是靜態的區域變數 (static local)。
- 全域的函數。

• 區域變數和由封閉領域 (enclosing scope) 傳入的參數。

除了上述之外 block 額外支援了另外兩種變數：

1. 在函數內可以使用 __block 變數，這些變數在 block 中是可被修改的。

2. 匯入常數 (const imports)。

此外，在方法的實作裏，block 可以使用 Objective-C 的實體變數 (instance variable)。

下列的規則可以套用到在 block 中變數的使用：

1. 可以存取全域變數和在同一領域 (enclosing lexical scope) 中的靜態變數。

2. 可以存取傳入 block 的參數 (使用方式和傳入函數的參數相同)。

3. 在同一領域的區域變數在 block 中將視為常數 (const)。

4. 可以存取在同一領域中以 __block 為修飾詞的變數。

5. 在 block 中宣告的區域變數，使用方式和平常函數使用區域變數的方式相同。

下面的例子介紹了區域變數 (上述第三點) 的使用方式：

```
int x = 123;

void (^printXAndY)(int) = ^(int y)
{
    printf("%d %d\n", x, y);
};

//將會印出 123 456
printXAndY(456);
```

就如上面第三點所提到的，在上例中的 int x = 123 的變數 x，在傳入 block 後將視同常數，因此若我們在 block 中試著去修改 x 的值時就會產生錯誤，下面的例子將會無法通過編譯：

```
int x = 123;

void (^printXAndY)(int) = ^(int y)
{
    //下面這一行是錯的，因為 x 在這是一個常數不能被修改。
```

```
    x = x + y;
    printf("%d %d\n", x, y);
};
```

若在block中想要修改上面的變數x，必須將x宣告加上修飾詞 __block，請參考接下來
這一小節的介紹。

▲ __block 型態變數

我們可以藉由將一個由外部匯入block的變數放上修飾詞 __block 來讓這個變數由唯讀
變成可以讀和寫，不過有一個限制就是傳入的變數在記憶體中必須是一個佔有固定長
度記憶體的變數，__block修飾詞無法使用於像是變動長度的陣列這類不定長度的變
數，請參考下面的範例：

```
//加上__block修飾詞，所以可以在block中被修改。
__block int x = 123;

void (^printXAndY)(int) = ^(int y)
{
    x = x + y;
    printf("%d %d\n", x, y);
};

//將會印出 579 456
printXAndY(456);

//x 將會變成    579;
```

下面我們使用一個範例來介紹各類型的變數和block之間的互動：

```
extern NSInteger CounterGlobal;
static NSInteger CounterStatic;

{
    NSInteger localCounter = 42;
    __block char localCharacter;

    void (^aBlock)(void) = ^(void)
    {
        ++CounterGlobal; //可以存取。
```

```
    ++CounterStatic; // 可以存取。
    CounterGlobal = localCounter; //localCounter 在 block 建立時就不可變了。
    localCharacter = 'a'; // 設定外面定義的 localCharacter 變數。
  };

  ++localCounter; // 不會影響的 block 中的值。
  localCharacter = 'b';

  aBlock(); // 執行 block 的內容。
  // 執行完後，localCharachter 會變成 'a'
}
```

13.2.11 物件和 Block 變數

Block 支援在 Objective-C、C++ 物件和其他 block 中當作變數來使用，不過因為在大部分的情況我們都是使用 Objective-C 的撰寫程式，因此在這一小節我們僅針對 Objective-C 的情況進行介紹，至於其他兩種情況就留給有興趣的讀者再自行深入研究了。

13.2.12 Objective-C 物件

在擁有參考計數 (reference-counted) 的環境中，若我們在 block 中參考到 Objective-C 的物件，在一般的情況下它將會自動增加物件的參考計數，不過若以 __block 為修飾詞的物件，參考計數則是不受影響。

如果我們在 Objective-C 的方法中使用 block 時，以下幾個和記憶體管理的事是需要額外注意的：

- **若直接存取實體變數 (instance variable)，self 的參考計數將被加 1。**
- **若透過變數存取實體變數的值，則只有變數的參考計數將被加 1。**

以下程式碼說明上面兩種情況，在這個假設 instanceVariable 是實體變數：

```
dispatch_async(queue, ^{
  // 因為直接存取實體變數 instanceVariable，所以 self 的 retain count 會加 1
  doSomethingWithObject(instanceVariable);
});
```

```
id localVaribale = instanceVariable;
dispatch_async(queue, ^{
   //localVariable 是存取值，所以這時只有localVariable 的retain count 加 1
   //self 的 return count 並不會增加。
   doSomethingWithObject(localVaribale);
});
```

13.2.13 呼叫一個 Block

這一小節我們將會對 block 的使用方式做一些初步的介紹，首先是 Block 的呼叫，當 block 宣告成一個變數時，我們可以像使用一般函數的方式來使用它，請參考下面兩個範例：

```
int (^oneFrom)(int) = ^(int anInt) {
   return anInt - 1;
};

printf("1 from 10 is %d", oneFrom(10));
//結果會顯示：1 from 10 is 9

float (^distanceTraveled)(float, float, float) = ^(float startingSpeed, float acceleration, float time)
{
   float distance = (startingSpeed * time) + (0.5 * acceleration * time * time);
   return distance;
};

float howFar = distanceTraveled(0.0, 9.8, 1.0);
//howFar 會變成 4.9
```

在一般常見的情況中，若是將 block 當做是參數傳入函數，我們通常會使用「內嵌」的方式來使用 block。

13.2.14 將 Block 當作函數的參數

我們可以像使用一般函數使用參數的方式，將 block 以函數參數的型式傳入函數中，在這種情況下，大多數我們使用 block 的方式將不會傾向宣告 block，而是直接以內嵌

的方式來將 block 傳入，這也是目前新版 SDK 中主流的做法，我們將補充前面章節的
例子來說明：

```
char *myCharacters[3] = {"TomJohn", "George", "Charles Condomine"};

qsort_b(myCharacters, 3, sizeof(char *),
    ^(const void *l, const void *r)
    {
        char *left = *(char **)l;
        char *right = *(char **)r;
        return strncmp(left, right, 1);
    }// 這裏是 block 的終點。
    );

// 最後的結果為：{"Charles Condomine", "George", "TomJohn"}
```

在上面的例子中，block 本身就是函數參數的一部分，在下一個例子中 dispatch_apply
函數中使用 block，dispatch_apply 的定義如下：

```
void
dispatch_apply(size_t iterations, dispatch_queue_t queue, void (^block)(size_t));
```

這個函數將一個 block 提交到發送佇列 (dispatch queue) 中來執行多重的呼叫，只有當
佇列中的工作都執行完成後才會回傳，這個函數擁有三個變數，而最後一個參數就是
block，請參考下面的範例：

```
size_t count = 10;
dispatch_queue_t queue =
dispatch_get_global_queue(DISPATCH_QUEUE_PRIORITY_DEFAULT, 0);

dispatch_apply(count, queue, ^(size_t i) {
    printf("%u\n", i);
});
```

13.2.15 將 Block 當作方法的參數

在 SDK 中提供了許多使用 block 的方法，我們可以像傳遞一般參數的方式來傳遞
block，下面這個範例示範如何在一個陣列的前 5 筆資料中取出想要的資料索引值：

```
//所有的資料
NSArray *array = [NSArray arrayWithObjects: @"A", @"B", @"C", @"A", @"B", @"Z",@"G", @"are",
@"Q", nil];

//我們只要這個集合內的資料
NSSet *filterSet = [NSSet setWithObjects: @"A", @"B", @"Z", @"Q", nil];

BOOL (^test)(id obj, NSUInteger idx, BOOL *stop);

test = ^ (id obj, NSUInteger idx, BOOL *stop) {
        //只對前5筆資料做檢查
        if (idx < 5) {
                    if ([filterSet containsObject: obj]) {
                            return YES;
                    }
        }
        return NO;
};

NSIndexSet *indexes = [array indexesOfObjectsPassingTest:test];

NSLog(@"indexes: %@", indexes);
//結果：indexes: <NSIndexSet: 0x6101ff0>[number of indexes: 4 (in 2 ranges), indexes: (0-1 3-4)]
//前 5 筆資料中，有 4 筆符合條件，它們的索引值分別是 0-1, 3-4
```

13.2.16 該避免的使用方式

在下面的例子中，block是for迴圈的區域變數，因此在使用上必須避免將區域的block
指定給外面宣告的block：

```
//這是錯誤的範例，請勿在程式中使用這些語法!!
void dontDoThis() {
  void (^blockArray[3])(void); // 3 個block的陣列

  for (int i = 0; i < 3; ++i) {
    blockArray[i] = ^{ printf("hello, %d\n", i); };
    //注意：這個block定義僅在for迴圈有效。
  }
}

void dontDoThisEither() {
```

```
void (^block)(void);

int i = random():
if (i > 1000) {
    block = ^{ printf("got i at: %d\n", i); };
    // 注意: 這個 block 定義僅在 if 後的兩個大括號中有效 。
}
// ...
}
```

13.3 小結

這一章介紹了 Objective-C 流程控制，基本上這些流程控制的方式和傳統的 C/C++ 是大同小異的，因此對已經熟悉這些語法的讀者來說應該只是輕而易舉的事，在這一章中我們也介紹了在 iOS4 後大量出現的新語法：block，block 的概念在 iOS4 中可以說是隨處可見，幾乎所有的新功能都是非它不可，好在 block 本身還算容易理解，因此只要稍加用心，相信各種 iOS4 的新 API 都能輕鬆上手了。

13.4 習題

1. 請簡要說明 Objective-C 中的兩大述句類別。

2. 請說明 for、while、do-while 的差別及使用時機。

3. 若希望在 block 中可以修改到 block 外部的變數，請問該如何宣告？

4. 請舉個例子來說明如何宣告 block 變數和定義 block 的內容。

5. 請舉個將 block 當做參數的例子。

Note

Chapter 14
字串和容器類別的介紹

本章學習目標：

1. 了解字串的使用方式。

2. 了解容器類別的使用方式。

在前面學到許多關於 Objective-C 的基礎觀念介紹之後，在這一章我們將會介紹一些程式中常用的類別：字串和容器，這些類別大多是以往在資料結構或是其他計算機課程中介紹的觀念，不過 iOS 已經幫我們處理了大部分複雜的功能，因此不用大費周章全部從頭打造，了解這一章所介紹的類別，對快速開發應用程式有相當大的幫助。

Learn more▸

Written by 彭煥閎

14.1 字串

Cocoa Touch 提供了字串物件來幫助我們處理字串的工作，Cocoa Touch 的字串在內部是使用 unicode 字元來儲存資料，不過它也提供了許多方法來和其他的編碼進行轉換，字串分為兩大類：

不可改變的字串	NSString
可改變的字串	NSMutableString

為了容易分別，在後面的文章中若沒有特別指名的字串，指的就是 Cocoa Touch 的 NSString 或是 NSMutableString，若是特別提到 C 字串，指的就是 C 語言中用來表示字串的 char * 型別。

在 Cocoa Touch 中，許多類別都有可修改和不可修改兩個版本，這兩者在命名上的差別是可修改的版本會有關鍵字 Mutable 在類別的名字中，就如同字串的兩個版本 NSString 和 NSMutableString 一樣。

字串物件使用 unicode 字元的陣列來儲存資料，我們可以使用 length 方法來得到目前字串內有多少個字元，也可以使用 characterAtIndex: 方法來得到某個指定位址的字元。

14.2 建立和轉換字串物件

NSString 和 NSMutableString 提供了許多方法來讓我們產生字串物件，這些建立方法大多是提供我們用不同的編碼來產生字串，不過在內部處理上，字串永遠是使用 unicode 來處理資料，字串提供許多方法在不同編碼之間相互轉換，我們可以使用 availableStringEncoding 來得到目前允許的編碼方式。

14.2.1 建立字串

最簡單產生字串物件的方式是使用 Objective-C 的字串格式 @"…"，例如：

```
NSString * temp = @"/temp/scratch";
```

這種類型的字串擁有和平常字串物件一樣的retain、release之類的方法，不過和其他字串比較不同的地方是這種字串的使用的記憶體要直到程式結束時才會真的被釋放，因為「@"/temp/scratch"」字串在系統裡的角色等同於常數，會為它配置特別的記憶體，除此之外它和其他字串比較的方式也和一般字串相同，請參考下面例子：

```
BOOL same = [@"comparison" isEqualToString:myString];
```

14.2.2　由資料或是C字串來建立NSString

我們使用如「initWithCString:encoding:」由C字串來產生字串物件，同樣地我們可以使用類似的方法「initWithData:encoding:」來將NSData物件轉換成NSString字串 (NSData是用來儲存2進位資料的類別)。

```
char *utf8String = /* 假設這是某個UTF-8 字串*/ ;
NSString *stringFromUTFString = [[NSString alloc] initWithUTF8String:utf8String];

char *macOSRomanEncodedString = /* 假設這是某個C字串*/ ;
NSString *stringFromMORString =
        [[NSString alloc] initWithCString:macOSRomanEncodedString
                encoding:NSMacOSRomanStringEncoding];

NSData *shiftJISData = /* 假設這是某個字串資料*/ ;
NSString *stringFromShiftJISData =
        [[NSString alloc] initWithData:shiftJISData
                encoding:NSShiftJISStringEncoding];
```

下面的範例示範了如何將UTF-8 字串轉成ASC II 資料再轉換成NSString 物件：

```
unichar ellipsis = 0x2026;
NSString *theString = [NSString stringWithFormat:@"To be continued%C", ellipsis];

NSData *asciiData = [theString dataUsingEncoding:NSASCIIStringEncoding allowLossyConversion:YES];

NSString *asciiString = [[NSString alloc] initWithData:asciiData encoding:NSASCIIStringEncoding]
;

NSLog(@"原始字串 : %@ ( 長度 %d)", theString, [theString length]);
NSLog(@"轉換字串 : %@ ( 長度 %d)", asciiString, [asciiString length]);
```

```
// 輸出結果:
// 原始字串: To be continued… (長度 16)
// 轉換字串: To be continued... (長度 18)
```

14.2.3 連接和擷取字串

我們可以用許多方法來將兩個字串連結在一起，一個簡單的方法是使用「stringByAppendingString:」字串直接連接在另一個字串:

```
NSString *beginning = @"beginning";
NSString *alphaAndOmega = [beginning stringByAppendingString:@" and end"];
// alphaAndOmega is @"beginning and end"
```

若一次要連接許多個字串則可以使用「initWithFormat:」、「stringWithFormat:」或是「stringByAppendingFormat:」，我們將在後面的章節介紹這幾個方法的使用方式。

我們可以由字串中的某的索引值開始來擷取子字串，如「substringToIndex:」、「substringFromIndex:」和「substringWithRange:」，若要將字串分割則可以使用「componentsSeparatedByString:」，請參考下面的範例:

```
NSString *source = @"0123456789";
NSString *firstFour = [source substringToIndex:4];
// firstFour 結果是 @"0123"

NSString *allButFirstThree = [source substringFromIndex:3];
// allButFirstThree 結果是 @"3456789"

NSRange twoToSixRange = NSMakeRange(2, 4);
NSString *twoToSix = [source substringWithRange:twoToSixRange];
// twoToSix 結果是 @"2345"

NSArray *split = [source componentsSeparatedByString:@"45"];
// split 最後包含了 { @"0123", @"6789" }
```

14.2.4 字串轉換摘要

Source	建立字串	擷取字串
In code	@"..."	N/A
UTF8 編碼	stringWithUTF8String:	UTF8String
Unicode 編碼	stringWithCharacters:length:	getCharacters: getCharacters:range:
任意編碼	initWithData:encoding:	dataUsingEncoding:
現有字串	stringByAppendingString: stringByAppendingFormat:	N/A
格式化字串	localizedStringWithFormat: initWithFormat:locale:	使用 NSScanner
多國語言	NSLocalizedString	N/A

14.3 格式化字串

這一小節我們將會對格式化字串做一個初步的介紹。

14.3.1 基本概念

NSString 使用的格式化字串和標準的 ANSI C 的 printf() 相同，不過加上了「%@」給所有的物件類別，在格式化中「%」表示這個位置將會有一個替代的字串出現，而出現的格式則是依據在「%」之後的符號而定，我們可以使用 NSString 的「stringWithFormat:」或是「stringByAppendingFormat:」方法來建立格式化字串，此外 NSLog() 函數也常用格式化字串來顯示資料 (NSLog 主要是用來記錄程式的執行流程，在除錯時是相當實用的函數)，下面列出了常用格式化符號的使用方式：

符號	來源	型別	說明
%@	Objective-C 物件	NSObject	印出 descriptionWithLocale: 或是 description 回傳的字串。
%%			'%' 字元。
%d, %D, %i	有正負號的 32 位元整數	int	
%u, %U	無正負號的 32 位元整數	unsigned int	
%hi	有正負號的 16 位元整數	short	
%hu	無正負號的 16 位元整數	unsigned short	
%qi	有正負號的 64 位元整數	long long	
%qu	無正負號的 64 位元整數	unsigned long long	
%x	無正負號的 32 位元整數	unsigned int	以 16 進位的方式顯示，使用 0-9 小寫 a-f，例如： 來源：1234567890 輸出：499602d2
%X	無正負號的 32 位元整數	unsigned int	以 16 進位的方式顯示，使用 0-9 大寫 A-F，例如： 來源：1234567890 輸出：499602D2

%qx	無正負號的 64 位元整數	unsigned long long	以16 進位的方式顯示，使用0–9 小寫 a–f，例如： 來源：1234567890 輸出：499602d2
%qX	無正負號的 64 位元整數	unsigned long long	以16 進位的方式顯示，使用0–9 大寫 A–F，例如： 來源：1234567890 輸出：499602D2
%o, %O	無正負號的 32 位元整數	unsigned int	以8 進位顯示，例如： 來源：1234567890 輸出：11145401322
%f	浮點數	double	
%e	浮點數	double	以科學符號顯示，使用小寫的e 來代表指數，例如： 來源：1234567890.12345 輸出：1.234568e+09
%E	浮點數	double	以科學符號顯示，使用大寫的E 來代表指數，例如： 來源：1234567890.12345 輸出：1.234568E+09
%g	浮點數	double	若指數大於4 時以 %e 方式顯示，若是小於則是使用和 %f 相同的方式來顯示，例如： 來源：1234567890.12345 輸出：1.23457e+09 來源：123.456789012345 輸出：123.457
%G	浮點數	double	若指數大於4 時以 %E 方式顯示，若是小於則是使用和 %f 相同的方式來顯示，例如： 來源：1234567890.12345 輸出：1.23457E+09 來源：123.456789012345 輸出：123.457

%s	8 位元無正負號字元並以 Null-結尾的陣列	char *	
%S	16 位元 Unicode 字元並以 Null-結尾的陣列	unichar *	
%p	void 指標	void *	以 16 進位的方式顯示使用 0-9 和 小寫的 a–f 並在開頭加上 0x。
%L		long、double	配合 a, A, e, E, f, F, g, 或 G顯示指 定長度。
%F	浮點數	double	以十進位方式顯示
%z	size_t	size_t	配合 d, i, o, u, x, 或 X 顯示指定長 度。
%c	8 位元無正負號字元	unsigned char	
%C	16 位元 Unicode字元	unichar	

下面的範例提供了一些格式化字串的例子：

```
NSString *string1 = [NSString stringWithFormat:@"A string:%@, a float: %1.2f", @"string",
31415.9265];
// string1 是  "A string: string, a float: 31415.93"

NSNumber *number = [NSNumber numberWithInt:1234];
NSDictionary *dictionary = [NSDictionary dictionaryWithObject:[NSDate date] forKey:@"date"];
NSString *baseString = @"Base string.";

NSString *string2 = [baseString stringByAppendingFormat:@" A number: %@, a dictionary: %@",
number, dictionary];
 // string2 是 "Base string. A number: 1234, a dictionary: {date = 2005-10-17 09:02:01 -0700; }"
```

14.3.2 字串和其他型態的轉換

NSString 提供了許了將的轉換方式，只要配合格式化的字串，我們很方便地就能在各
種格式間轉換，以下列出了常用字串轉換方式：

方法	型態	範例
doubleValue	double	double data = [@"3.1416" doubleValue];
floatValue	float	float fData = [@"3.1416" floatValue];

intValue	int	int nData = [@"1024" intValue];
integerValue	NSInteger	NSInteger nData2 = [@"2048" integerValue];
longLongValue	long long	long long llData = [@"1234567890" longLongValue];
boolValue	BOOL	BOOL bData = [@"1" boolValue];

14.3.3 由已知編碼從檔案或是網路上讀取字串

NSString 提供了很直覺的方法讓我們直接從檔案中讀取資料，甚至只要提供網路的
URL 就能將來自網路上的文字直接匯入 NSString 中，當資料來源編碼是已知的情況
下，我們可以使用「stringWithContentsOfFile:encoding:error:」或是「stringWithContents
OfURL:encoding:error:」之類的方法來將資料匯入，下面是一個讀取以 UTF8 編碼檔案
的例子：

```
NSString *path = @"test.txt";
NSError *error;
NSString *stringFromFileAtPath = [[NSString alloc]
                initWithContentsOfFile:path
                encoding:NSUTF8StringEncoding
                error:&error];
if (stringFromFileAtPath == nil)
{
   NSLog(@"讀取檔案失敗 %@\n%@",path, [error localizedFailureReason]);
}
[stringFromFileAtPath release];
```

下面的例子則是假設已知編碼為 Big5 的前提下，只要使用 NSString 就能夠把 http://
www.google.com.tw/ 文字內容取回的例子：

```
UInt32 big5 = CFStringConvertEncodingToNSStringEncoding(kCFStringEncodingBig5);
NSURL * url = [NSURL URLWithString:@"http://www.google.com.tw/"];
NSError *error;
NSString *stringFromURL = [[NSString alloc]
                initWithContentsOfURL:url
                encoding:big5
                error:&error];
if (stringFromURL == nil)
{
```

```
    NSLog(@"讀取網頁失敗 %@\n%@", url, error);
}

[stringFromURL release];
```

14.3.4 由未知編碼下讀取資料

當我們不知道資料是使用什麼編碼方式時，NSString 提供我們一些方法來「猜」資料的
編碼方式來讀取字串，不過既然是用「猜」的，就有可能猜不到，好險在大部分的情
況下結果應該是對的，如果運氣不好猜不到的話就必須使用更多的方式來檢查編碼，
這部分就留給讀者自行研究，我們可以使用以下方法來讀取未知編碼的資料：

stringWithContentsOfFile:usedEncoding:error:	類別方法，讀取資料
initWithContentsOfFile:usedEncoding:error:	實體方法，讀取資料
stringWithContentsOfURL: url usedEncoding: error:	類別方法，讀取 URL
initWithContentsOfURL:url usedEncoding:error:error:	實體方法，讀取 URL

14.3.5 將資料寫入檔案或是 URLs

NSString 提供兩個方法給我們寫入資料：

writeToFile:atomically:encoding:error:	寫入檔案
writeToURL:atomically:encoding:error:	寫入 URL

在寫入時，我們必須指定編碼的方式，此外 atomically 可以讓我們指定是否要使用暫
存檔來儲存檔案，使用暫存檔的好處是可以避免檔案在寫入的過程產生意外的錯誤，
因此若沒有特別需求的話，寫入時請一律使用暫存檔來寫入資料，請參考下面的範例：

```
NSString *path = ...;// 指定路徑
NSString *string = ...;// 指定要寫入的內容
NSError *error;// 錯誤產生時儲存錯誤訊息的地方
BOOL ok = [string writeToFile:path atomically:YES
        encoding:NSUnicodeStringEncoding error:&error];
if (!ok)
```

```
{
    // 發生錯誤，印出錯誤訊息
    NSLog(@"Error writing file at %@\n%@",
          path, [error localizedFailureReason]);
}
// 繼續其他的工作，
```

14.3.6 讀取、寫入摘要

下面列出了前面提供各個方法的一個摘要：

來源	讀取	寫入
檔案資料	stringWithContentsOfFile:encoding:error: stringWithContentsOfFile:usedEncoding:error:	writeToFile:atomically:encoding:error:
URL 資料	stringWithContentsOfURL:encoding:error: stringWithContentsOfURL:usedEncoding:error:	writeToURL:atomically:encoding:error:

14.3.7 搜尋、比較

以下是關於搜尋及比較常用的方法：

搜尋	比較
rangeOfString:	compare:
rangeOfString:options:	compare:options:
rangeOfString:options:range:	compare:options:range:
rangeOfString:options:range:locale:	compare:options:range:locale:
rangeOfCharacterFromSet:	
rangeOfCharacterFromSet:options:	
rangeOfCharacterFromSet:options:range:	

我們使用 rangeOfString: 來尋找該字串是否為目前的子字串，只有當字串完全符合搜尋條件時才會得到正確的回傳值，下面我們提供了一個關於字串搜尋的範例：

```
NSString *searchString = @"age";
NSString *beginsTest = @"Agencies";
```

```
NSRange prefixRange = [beginsTest rangeOfString:searchString
    options:(NSAnchoredSearch | NSCaseInsensitiveSearch)];
// prefixRange = {0, 3} , 表示 beginsTest 有我們要的字串, 由第 0 個索引值開始, 三個字元.
NSString *endsTest = @"BRICOLAGE";
NSRange suffixRange = [endsTest rangeOfString:searchString
    options:(NSAnchoredSearch | NSCaseInsensitiveSearch | NSBackwardsSearch)];
// suffixRange = {6, 3}, endsTest 有我們要的字串, 由第 6 個索引值開始, 三個字元.
```

在預設的情況下 , 比較是逐字比較 , 接下來是字串比較的範例:

```
NSString *string1 = @"string1";
NSString *string2 = @"string2";
NSComparisonResult result;
result = [string1 compare:string2];
// result = -1 (NSOrderedAscending), 表示字串 1 比字串 2 小
但是若遇到以下情形, 似乎就不是我們想要的結果:
NSString *string10 = @"string10";
NSString *string2 = @"string2";
NSComparisonResult result;

result = [string10 compare:string2];
// result = -1 (NSOrderedAscending)
```

這是因為此時的比較是依字元做單位 , 因此雖然看起來 string10 應該要比 string2 要大 ,
但是比較時會先用 1 和 2 比較 , 所以會變成 string10 比 string2 要小的情形發生 , 若要
符合預期的結果 , 必須要求將數字字串視為是數字來比較才行 , 此時結果如下:

```
result = [string10 compare:string2 options:NSNumericSearch];
// result = 1 (NSOrderedDescending)
```

這樣結果就會如我們所預期的了 。

14.3.8 小結

在這一小節中我們介紹了許多字串的應用 , 在實際上 NSString 還提供了相當多的方法
來簡化字串的使用 , 例如可以計算出字串最後在畫面上會佔有多大面積之類的方法
(這個方法在支援多國語系的程式中很重要 , 因為可以確保資料不會在畫面上亂跑) 、
路徑轉換 、將字串畫到某個區域等等好用的方法 , 這些方法在 SDK 中都有詳盡的介
紹 , 想深入研究的讀者可以自行參考 。

14.4 容器類別

容器類別主要的功能就是將其他的物件裝起來，也可以說是一堆物件的集合，在 Cocoa Touch 常用的容器中，依據它的功用，大致上會分成以下類別：

Array	陣列，當資料之間有順序關係時，通常會使用陣列來當做容器。
Dictionary	字典，具有「關鍵字—值 (Key-Value)」特性的資料時，通常會使用字典來做為容器。
Set	集合，當資料之間沒有順序的關係，可以使用集合來做為容器。

底下是這三種類別的示意圖：

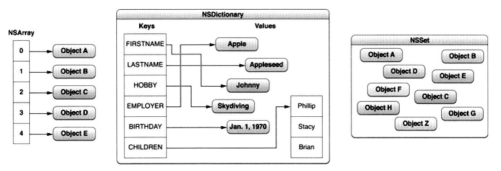

■ 圖 14-1

Cocoa Touch 提供的容器類別在使用上有一個限制，就是容器中的東西必須是一個 Cocoa Touch 的物件，也就是只有繼承自 NSObject 的物件才能放到這些容器中，此外，這些容器類別也可以包含其他的容器類別，例如陣列中的每一個元素可以是一個字典、字典中的元素也可以是一個陣列、或是陣列元素又是另一個陣列等等，在這一小節中我們將對這些常見的容器類別做一個簡單的介紹：

14.5 陣列：有次序的資料集合

關於陣列的效能資訊包含 4 種內容：

- **存取陣列中的某一個元素**：常數時間。

- **移除或是增加資料到最後面的節點**：常數時間。

- **取代陣列中的某個元素**：常數時間。

- **在陣列中插入一個元素**：線性時間。

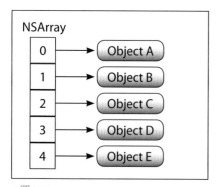

■ 圖 14-2

Cocoa Touch 提供了兩種陣列類別供我們使用：

NSArray	不可修改的陣列。
NSMutableArray	可以修改的陣列。

陣列可以包含任何類型的物件，陣列內部的物件並不需要屬於同一個類別，但是陣列不能儲存 int、float 之類不是物件的的資料，因此若想要將這些資料存入陣列中必須利用 NSString、NSValue 等類別將這些資料轉換後再存入陣列中。

14.5.1 NSArray

這種陣列在初始化完成後就不再允許新增、刪除裡面的物件，但物件本身的修改則是依據該物件本身的設定而定，NSArray 提供了直接產生或是由別的陣列拷貝而來的數種建立方式，如：

+ (id)arrayWithObject:(id)anObject	建立一個包含 anObject 的陣列。
+ (id)arrayWithObjects:(const id *) objects count:(NSUInteger)cnt	利用一個指向一群物件的指標來產生陣列。
+ (id)arrayWithObjects:(id)firstObj, ...	依序列出要加入的物件，以 nil 來表示結束。
+ (id)arrayWithArray:(NSArray *)array	由另一個陣列內容來產生陣列。
- (id)initWithObjects:(const id *)objects count:(NSUInteger)cnt	利用一個指向一群物件的指標來產生陣列。
- (id)initWithObjects:(id)firstObj, ...	依序列出要加入的物件，以 nil 來表示結束。
- (id)initWithArray:(NSArray *)array	由另一個陣列內容來產生陣列。
- (id)initWithArray:(NSArray *)array copyItems:(BOOL)flag	由另一個陣列內容來產生陣列，並且決定是否要使用拷貝的方式將這些物件加入。

陣列類別提供了兩個基本的方法來讓我們存取資料：

count	傳回陣列內物件的個數。
objectAtIndex	傳回陣列內某個索引值的物件，索引值由 0 開始。

14.5.2 NSMutableArray

假使陣列的內容在以後需要修改則必須使用這個類別，這個類別是 NSArray 的子類別，因此所有可以對 NSArray 的操作都可以作用於 NSMutableArray 上，除此之外 NSMutableArray 尚提供了幾個常用的方法來讓我們操作陣列的內容：

addObject:	加入物件。
insertObject:atIndex:	插入物件至指定的位置。
removeLastObject	移除最後一個物件。
removeObjectAtIndex:	移除指定位置的物件。
replaceObjectAtIndex:withObject:	將指定位置的物件替換成另一個物件。

底下的範例示範了對 NSMutableArray 的操作：

```
NSMutableArray *array = [NSMutableArray array];
[array addObject:[NSColor blackColor]]; //[ 黑 ]
[array insertObject:[NSColor redColor] atIndex:0]; //[ 紅黑 ]
[array insertObject:[NSColor blueColor] atIndex:1]; //[ 紅藍黑 ]
[array addObject:[NSColor whiteColor]];//[ 紅藍黑白 ]
```

```
[array removeObjectsInRange:(NSMakeRange(1, 2))];[ 紅藍黑白 ]
// 陣列包含了 redColor 和 whiteColor
```

除了一般的操作之外，我們需要特別注意的動作是移除，當我們對一個被陣列移除的元素進行操作是很危險的事，例如：

```
id anObject = [anArray objectAtIndex:0];
[anArray removeObjectAtIndex:0];
// 如果 anArray 是唯一擁有 anObject 的人，下一行會 crash
[anObject someMessage];
```

若要存取一個可能被移除的元素，我們要先 retain 需要用的元素，請參考下面的範例：

```
id anObject = [[anArray objectAtIndex:0] retain];
[anArray removeObjectAtIndex:0];
[anObject someMessage];
// 請記得在使用完 anObject 後要呼叫 release。
```

14.6 字典：「關鍵字─值」的集合

字典負責管理一群「關鍵字─值」，在字典中的關鍵字必須是唯一的，也就是說所有的關鍵字都不得重覆，下面是一個字典的示意圖：

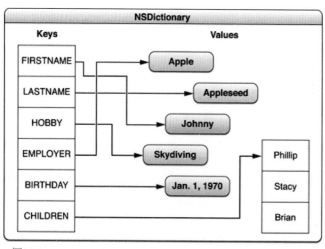

■ 圖 14-3

關於字典的效能資訊：

- 存取字典中的某個元素：常數時間。

- 設定和移除元素：常數時間。

以上的資訊為假設「關鍵字」以 NSString 或是其他可以使用 hash 函數的類別所組成。

和字串類似地，字典也分成兩個不同的版本：

NSDictionary	不可修改的字典。
NSMutableDictionary	可以修改的字典。

NSDictionary 是不可修改的字典，當你建立完字典後，你不能新增、刪除或是取代裡面的元素，不過你可以修改關鍵字所對應到的值 (關鍵字無法修改)，若想要修改關鍵字就必須使用 NSMutableDictionary。

常用來建立字典的方法有 initWithDictionary 和 dictionaryWithDictionary 兩種，舉個例來說如果我們有個 NSDictionary 的實體 myDictionary，我們可以使用下面方法來建立可修改的字典：

```
NSMutableDictionary *myMutableDictionary = [NSMutableDictionary dictionaryWithDictionary:
myDictionary];
```

和使用陣列相同，當我們對一個被字典移除的元素進行操作是很危險的事，如下：

```
id anObject = [aDictionary objectForKey:theKey];
[aDictionary removeObjectForKey:theKey];
[anObject someMessage]; // 有可能會 crash
```

所以若要安全地使用，要先 retain 物件：

```
id anObject = [[aDictionary objectForKey:theKey] retain];
[aDictionary removeObjectForKey:theKey];
[anObject someMessage];
// 請記得在使用完 anObject 後要呼叫 release。
```

下面的例子是NSMutableDicationary加入物件的範例：

```
NSString *LAST=@"lastName";
NSString *FIRST=@"firstName";

NSMutableDictionary *dict=[NSMutableDictionary dictionaryWithObjectsAndKeys:
   @"Jo", FIRST, @"Smith", LAST, nil];
NSString *MIDDLE=@"middleInitial";

[dict setObject: @"M" forKey:MIDDLE];
```

除此之外，我們也可以直接將其他字典中的資料加入我們的字典中，如下面的例子：

```
NSString *LAST=@"lastName";
NSString *FIRST=@"firstName";
NSString *SUFFIX=@"suffix";
NSString *TITLE=@"title";

NSMutableDictionary *dict=[NSMutableDictionary dictionaryWithObjectsAndKeys:
   @"Jo", FIRST, @"Smith", LAST, nil];

NSDictionary *newDict=[NSDictionary dictionaryWithObjectsAndKeys:
   @"Jones", LAST, @"Hon.", TITLE, @"J.D.", SUFFIX, nil];

[dict addEntriesFromDictionary: newDict];
```

若想要列舉所有字典內的元素，可以使用keyEnumerator方法或是利用allKeys取得字典內所有的關鍵字後再依序查詢所有的值。

14.7 集合：沒有次序物件的集合

集合代表的是一群沒有次序關係的物件，當一群物件沒有次序關係時，我們就可以使用集合而不是陣列來管理這些物件。

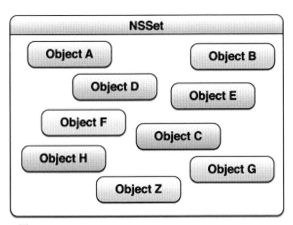

■ 圖 14-4

關於集合的效能資訊：

- 存取集合中的元素：常數時間。

- 設定和移除元素：常數時間。

另外，以上的效能資訊有賴於是否能找到有效的 hash 函數來尋找物件，否則可能要使用線性時間才能完成以上操作。

NSSet 是不可修改的集合，當建立完集合後，不能新增、刪除或是取代裡面的元素，不過可以修改裡面物件所對應到的值，若想要更動集合包含的元素，就必須使用NSSet 的子類別：NSMutableSet，常用的建立函數有 setWithObjects:、initWithArray 等等。

NSSet 提供了許多方法來操作裡面的元素，底下是幾個常用的方法：

allObjects	回傳一個包含集合中所有元素的陣列。
anyObject	回傳集合中的某個物件。
count	回傳集合中元素的個數。
member:	回傳集合中某個元素是否和指定的物件相同。
intersectSet:	檢查兩個集合是否至少有一固元素是相同的。
isEqualToSet:	檢查兩個集合是否完全相同。

| isSubsetOfSet: | 檢查目前集合是否為另一個集合的子集合。 |

除了 NSSet 提供的方法外，NSMutableSet 還提供了許多方法來幫助我們操作集合中的元素：

addObject:	加入物件到集合中。
addObjectsFromArray:	將指定陣列中的元素加入集合中。
unionSet:	和指定的集合進行聯集。
intersectSet:	和指定的集合進行交集。
removeAllObjects:	移除集合中所有的物件。
removeObjects:	移除集合中指定的物件。
minusSet:	移除和指定集合中相同的物件。

如同前面介紹的，當我們對一個被集合移除的元素進行操作是很危險的事，例如：

```
id anObject = [aSet anyObject];
[aSet removeObject:anObject];
// 如果 aSet 是唯一擁有 anObject 的人, 下一行會 crash
[anObject someMessage];
```

若要存取一個可能被移除的元素，我們需要先 retain 需要用的元素，請參考下面的範例：

```
id anObject = [[aSet anyObject] retain];
[aSet removeObject:anObject];
[anObject someMessage];
// 請記得在使用完 anObject 後要呼叫 release。
```

此外，因為在集合中的元素沒有次序的關係，因此必須利用 objectEnumerator 方法或是使用 Objective-C 內建的 for-each 來列舉所有的元素。

14.8 小結

這一章介紹的NSString、NSDictionary和NSSet等等類別雖然看起來並不起眼，功能好像也沒有很強大，但是卻是能讓程式流程更流暢的不可或缺元素，因此了解本章介紹的內容對爾後程式的開發會有相當大的助益。

14.9 習題

1. 請舉一個例子來說明如何產生格式化的Objective-C字串。

2. 請說明Array、Dictionary、Set之間的差異及使用時機。

3. iOS規定放入容器類別的必須是Objective-C的物件，請問若需要將一般的整數或是浮點數放入容器類別內，該如何處理，請舉例說明。

4. 請問若想要建立全班同學的資料庫，並且以學號做為索引值，該使用何種容器？請舉例說明。

5. 請舉個例子來說明該如何取得一個字串中的子字串。

Note

Chapter 15
記憶體管理

本章學習目標：

1. 了解iOS中記憶體管理的基本概念。

2. 了解記憶體管理的慣用設計及使用方式。

不管是新手還是老手，iOS的記憶體管理都是一件非常重要的事，相較於Java、.NET 之類有自動記憶體回收的語言而言，在iOS中沒有將管理記憶體處理好的後遺症要嚴 重得多，一般來說，若iOS寫出來的程式常常莫名奇妙的當掉，大部分的情況只有兩 種原因：一種是多執行緒的存取管理不當，另一個就是記憶體沒有管理好造成違規存 取或是吃光系統記憶體之類的問題，因此了解這一章的內容，將對寫出一個穩定的程 式有相當大的幫助。

Learn more▶

Written by 彭煥閎

大致上我們對iOS的記憶體管理將會著重在兩個部分，第一個部分是Core Foundation，這部分的程式碼都是以C語言實作的，另一個部分則是 Cocoa Touch，這個部分則是使用Objective-C來實作的，不過雖然分成這兩部分，但是很多情況下這兩個類別的概念是共通的，更進一步地來說，Core Foundation 和 Cocoa Touch 在很多類別甚至是一體兩面，在Core Foundation的某些類別，例如字串CFString和Cocoa Touch裏的NSString，它們骨子裏根本是同一個東西，只要動一些小手腳就可以將這個個類別互換，而且在使用上完全沒有問題，在這一章我們將會分別為這兩大類別的記憶體管理做初步的介紹。

15.1 Core Foundation的記憶體管理

Core Foundation相關的記憶體管理主題，大致可以由以下幾個方面來探討：

- **記憶體配置器** (Allocator)。
- **擁有權的準則**。
- **Core Foundation 物件的生命週期**。
- **拷貝函數** (Copy Function)。

15.2 記憶體配置器（Allocator）

記憶體配置器負責配置和釋放記憶體，基本上我們在大部分的情況下不需要直接管理記憶體的配置，重置或是釋放 Core Foundation 物件，我們只需直接將記憶體分配器直接丟入負責產生物件的函數中即可，而這些函數的名字中通常都會有「create」字眼，例如：「CFStringCreateWithPascalString」等，這些負責建造物件的函數會使用傳入的記憶體配置器來配置記憶體並產生物件。

15.2.1 擁有權的準則

因為在程式中我們常會對物件進行存取、建立和釋放等等動作，為了確保記憶體不會被誤用，Core Foundation 為存取和建立物件定義了一些使用準則。

15.2.2 基本原則

在試著了解 Core Foundation 的記憶體管理時，試著去使用「擁有權」來理解或許是個不錯的方式，每一個物件都有一或多個的擁有人，我們使用保留計數 (retain count，和參考計數 reference count 的功能是一樣的) 來記錄一個物件有多少個擁有人。當一個物件沒有擁有人 (即 retain count 為 0)，系統就會釋放它。Core Foundation 定義了下面的準則來表示物件的擁有和釋放：

- 如果建立了一個物件 (包含直接建立或是其他物件拷貝而來) 則擁有這個物件。
- 如果是由其他地方取得一個物件，我們並不擁有這個物件，若想要預防這個物件被釋放，則必須成為這個物件的擁有人之一 (使用 CFRetain)。
- 如果我們是一個物件的擁有人，當我們不再使用這個物件時，我們有責任要釋放這個物件 (CFRelease)。

15.2.3 命名準則

Core Foundation 的命名準則提供我們一個了解物件擁有權的規則，一般來說 Core Foundation 和我們自己建立的類別都應該要遵守這些準則，才不會讓使用者感到混淆

而造成不必要的錯誤，不過在某些情況下我們仍是有機會遇到不遵守這些準則的開發人員，因此如果情況允許的話我們仍必須參考文件上的說明以避免意外發生，不過一般來說，了解這些命名準則並依此來使用物件是必要的。在 Core Foundation 中，有以下兩個關鍵字告訴我們此時拿到的物件是具有擁有權的，這兩個關鍵字分別是：

- Create
- Copy

如果函數的名稱是包含「Get」則表示我們沒有擁有權。

依據上面的準則，可以得到下面的表格：

關鍵字	
Create	取得擁有權。
Copy	取得擁有權。
Get	沒有擁有權。

接下來的章節我們將會為這些概念做進一步的介紹。

15.2.4 建立物件的規則（Create Rule）

以下函數的名稱告訴我們擁有在 Core Foundation 取得的物件：

- 含有「Create」字眼的物件建立函數。
- 含有「Copy」字眼的物件複製函數。

再次強調，當我們擁有一個物件，在不再需要使用該物件時就有責任使用「CFRelease」函數來釋出我們的擁有權，千萬記得要有始（Create、Copy）有終（Release），絕對不能始亂終棄，否則到後來可能會發生許多無法預期的麻煩，下面一些範例是擁有「Create」字眼的函數：

```
CFTimeZoneRef CFTimeZoneCreateWithTimeIntervalFromGMT(CFAllocatorRef allocator,
CFTimeInterval ti);
CFDictionaryRef CFTimeZoneCopyAbbreviationDictionary(void);
CFBundleRef CFBundleCreate(CFAllocatorRef allocator, CFURLRef bundleURL);
```

第一個函數在名字中含有「Create」字眼，這個函數負責建立「CFTimeZone」物件 (用來代表時區的物件)，而我們擁有這個物件，所以我們有責任要釋放擁有權。

第二個函數在名字中含有「Copy」字眼，這個函數建立了一個包含時區物件各個屬性的複本，我們依舊擁有這個物件，所以有責任要釋放它。

第三個函數我們就不再多做解釋了，總之使用完後記得要將它釋放掉。

> 在這個範例中，細心的讀者會發現回傳的物件都有 REF 做為結尾字串，這些以 REF 為結尾的物件實際上是一個指向物件的指標而不是物件的本身，因此在很多情況下我們必須確保指標指向的內容是有效的才不會造成錯誤地存取已經被系統釋放的物件。

15.2.5 取得物件的規則（Get Rule）

如果在 Core Foundaton 中使用「Copy」或是「Create」之外的函數（如「Get」類函數）取得物件，我們將不會擁有這個物件，而這個物件的生命週期也不在掌控之中，因此，若此時要確保物件的存在，我們必須使用「CFRetain」來宣告這個物件的擁有權，然後在不需要使用時再釋放它，以下面的例子 CFAttributedStringGetString 來說：

```
CFStringRef CFAttributedStringGetString(CFAttributedStringRef aStr);
```

這個函數僅會回傳一個不帶有擁有權的字串，因此我們無法得知這個字串真正的生命週期，如果這個取回的字串在之後被它的擁有人釋出，這個字串就有可能會因為沒有擁有人而被系統把資源釋放掉，此時若再去存取，程式就會當掉；為了要避免這種意外，若我們要確保字串不會消失就要使用 CFRetain 宣告擁有權，然後在不再使用時使用 CFRelease 將它釋放掉，不然的話，忘記呼叫 CFRelease 這個物件將永遠不會被系統釋放而造成記憶體遺漏 (memory leak)。

15.3 管理 Core Foundation 物件的生命週期

Core Foundation 物件的生命週期由它的參考計數來 (refernece count) 決定，參考計數是物件內部用來記錄還有多少人想要確保這個物件存在的一個變數。當我們藉由建立或是拷貝而來的新物件，它們的參考計數會設定為 1，接下來的使用者可以藉由 CFRetain 來將參考計數加 1，再靠 CFRelease 來將參考計數減 1，當物件的參考計數為 0 時，這個物件的記憶體配置器 (Allocator) 就會將物件佔用的記憶體釋放掉。

> 參考計數的英文是 reference count，不過在 iOS 的開發中，我們比較常看到的字眼是 retain count，中文通常翻成保留計數，不過這兩個就我們的狀況來說，意思是一樣的，因此在本書中，不管我們使用的是 reference count 或是 retain count，指的是同一件事。

15.3.1 增加物件的參考計數 (Retaining Object References)

若將想要增加參考計數，請將 Core Foundation 物件的參考傳入 CFRetain 函數中，請參考下面的範例：

```
/* myString 是一個由其他地方取得的 CFStringREF */
myString = (CFStringRef)CFRetain(myString);
```

15.3.2 減少物件的參考計數 (Releasing Object References)

若想要減少參考計數，請將 Core Foundation 物件的參考傳入 CFRelease 函數中，請參考下面的範例：

```
CFRelease(myString);
```

> 基本上我們不應該直接將物件佔有的記憶體釋放掉 (使用 freee 函數)，在不需使用物件時，請直接使用 CFRelease，然後將記憶體管理的部分交由系統來處理。

15.3.3 取得物件的參考計數

我們可以使用CFGetRetainCount函數來取得物件目前的參考計數：

```
CFIndex count = CFGetRetainCount(myString);
```

一般來說，除非是為了偵錯，我們很少會需要知道物件目前的參考計數，如果你發現自己可能會需要知道參考計數，那代表我們的程式在某些部分沒有確實遵守擁有權的準則。

弱連結(weak link)，在這指的是沒有retain對方物件，僅記住對方的參考，若對方消失我們並不會知道。

在實務上，許多樹狀資料結構如XML、JSON、HTML的處理都會遇到循環參照的問題，因此要規劃好資料間的階層架構以避免遇到這方面的錯誤。

15.4 Cocoa Touch 的記憶體管理

相較於 Core Foundation，Cocoa Touch 的記憶體管理更顯得重要，因為在大部分的情況下所有 iOS 的程式幾乎都和 Cocoa Touch 脫不了關係，Cocoa Touch 的記憶體管理和 Core Foundation 類似，也都是使用擁有人的概念，也是使用參考計數等等，在這一小節我們將會對 Cocoa Touch 的記憶體管理做一些初步的介紹。

15.4.1 記憶體管理準則

Cocoa Touch 記憶體管理的基本原則和 Core Foundation 是類似的：

如果你使用包含有以下關鍵字的方法來取得物件，那麼你將擁有這個物件：

關鍵字	範例
alloc	alloc
new	newObject
copy	mutableCopy

如果對物件呼叫「retain」也會擁有這個物件。

同樣地就像在 Core Foundation 時的情形一樣，當我們擁有物件時就有責任在不需要時，呼叫它的 release 或是 autorelease 來釋出擁有權，至於在其他的情況下取得的物件，我們絕對不能主動釋放它，否則隨時都有可能讓程式意外地當掉。

下面準則是上述準則的延伸：

在大部分的情況下，若我們想要將某一個物件做為某個實體變數的屬性，我們必須使用 retain 或 copy 來確保物件的存在，唯一的例外是在某些狀況下必須使用弱連結的方式，我們將在稍後提到這種連結方式。

autorelease 表示這個物件會在稍後收到 release 訊息，表示這個物件在離開目前的方法之後，隨時都有可能被系統釋放(釋放的時機通常會是在目前執行緒結束的時候)。

除非物件在多執行緒的情況下會被存取，否則在一般的情況下，由某個方法中取得的物件，我們可以確定在目前的方法乃是有效的，這個物件也能安全地回到呼叫我們的方法中。

在 Core Foundation 的命名規則並不一定適用於 Cocoa Touch 中，例如 create 在 Cocoa Touch 中並不會取得擁有權，因此不需要釋放該物件，例如：

MyClass * myInstance = [MyClass createInstance];

這個例子中，因為我們沒有 myInstance 的擁有權，所以不必在之後呼叫它的 release。

15.4.2 物件的擁有和釋放

Cocoa Touch 的物件使用參考計數來管理物件的生成和消失，整體的概念和前面所提到擁有權的取得和釋放相當地類似，在 Cocoa Touch 中這些準則如下：

你擁有你所建立的物件。	我們使用名字含有 alloc、new 或 copy 的方法來產生物件。
你可以使用 retain 來取得物件的擁有權。	一個物件可以有多個擁有人，若你需要確保某個物件不會消失，你可以主動取得它的擁有權。
你擁有的物件必須在不需使用後，將它釋放掉。	我們可以使用 release 或是 autorelease 來釋放擁有的物件。
你不能釋放不屬於你的物件。	當釋放一個不屬於我們的物件時，會提早將這個物件的參考計數變成 0，進而被系統釋放掉，這時其它物件並不知道它已被系統釋放，去存取它就會造成存取違規 (因為物件指標指向的位址，資料已經無效了) 而讓程式掛掉，因此程式中絕對不可以去釋放掉不屬於自己的物件。

請參考下面的例子：

```
MyClass * myClass = [[MyClass alloc] init];
NSArray * myAttributes = [myClass attributes];
[myClass release];
```

在這個例子中，我們是使用 alloc 來產生 myClass 物件，因此當不再使用 myClass 之後，必須呼叫 myClass 的 release 來釋放它，而我們是由 myClass 中取得 myAttributes，我們並沒有建立 myAttributes，因此我們最後並不需要呼叫 myAttributes 的 release 來釋放它。

15.4.3 保留計數

Cocoa Touch 的擁有權準則依賴保留計數 (和參考計數是一樣的意思) 來實現,我們稱之為「retain count」,每個物件都有自己的 retain count,以下是 retain count 運作的方式:

- 當你建立一個物作時,它的 retain count 為 1。
- 當你呼叫物件的 retain 時,它的 retain count 會加 1。
- 當你呼叫物件的 release 時,它的 retain count 會減 1。
- 當你呼叫物件的 autorelease 時,它的 retain count 會在未來某個時間被減 1。
- 當物件的 retain count 為 0 時,它將會呼叫自己的 dealloc 並且釋放所佔用的資源。

15.4.4 Autorelease

在 NSObject 中定義了 autorelease 這個方法,autorelease 提供我們延遲物件 release 的管道,當我們對一個物件呼叫 autorelease 後,表示在目前的程式範圍 (scope) 之後不再需要這個物件了,而這個範圍的大小則是由目前的 autorelease pool 來決定,也就是說,當我們呼叫物件的 autorelease 之後,物件會暫時被保留,直到目前的 autorelease pool 結束時才會被釋出,而此處的釋出指的是呼叫物件的 release 方法,若呼叫 release 後物件的 retain count 不是 0,則物件所佔用的記憶體仍不會被釋放掉。

> 一般的情況下,autorelease pool 會在每個執行緒開始時建立,而在執行緒結束時消失。

延續在上一個例子中的 attributes,我們可以實作如下:

```
- (NSArray *) attributes {
NSArray *array = [[NSArray alloc] initWithObjects:main, auxiliary, nil];
return [array autorelease];
}
```

這個例子中,因為我們用 alloc 來建立 array 所以擁有這個陣列,在稍後必須釋放它,在這即是使用 autorelease。

當其他的方法取得attributes這個陣列後可以假設這個陣列將會在沒有擁有人之後被系統釋放，但是在它目前的範圍是有效的，它甚至能將這個陣列傳給呼叫它的人。

下面列出兩個誤用的例子：

1. 下面的例子會造成記憶體遺漏 (memory leak)

```
//錯誤範例請勿模仿
– (NSArray *) attributes {
NSArray *array = [[NSArray alloc] initWithObjects:main, auxiliary, nil];
return array;
}
```

上面這個範例中的陣列有效範圍只在attributes方法內，當這個方法結束後，這個物件可能會因沒有任何人參考到它，而造成沒有人能釋放它，根據前面介紹的命名準則，使用這個方法的人並不知道它擁有這個方法回傳的物件，因此並不會主動去釋放它，如此將會造成記憶體遺漏。

2. 下面的錯誤範例回傳了一個無效的物件

```
//錯誤範例請勿模仿
– (NSArray *) attributes {
NSArray *array = [[NSArray alloc] initWithObjects:main, auxiliary, nil];
[array release];
return array; //此處的陣列是無效的
}
```

在上面的例子中，物件在alloc後馬上被呼叫release，這時物件的retain count會因為為0 (alloc時retain count為1，release時減1，結果為0)，系統會馬上釋放這個物件，因此最後這個方法會回傳一個已經被系統釋放的物件。

我們可以將上面兩個範例修改成下面這個正確的範例：

```
– (NSArray *) attributes {
NSArray *array = [NSArray arrayWithObjects:main, auxiliary, nil];
return array;
}
```

如此一來，我們在這個方法中沒有擁有 array 這個物件，因此不必負責 release 它，而且可以放心地將它回傳出去。

> 上例中的 arrayWithObjects 裏的實作方式即是呼叫物件的 autorelease 之後再回傳給我們。

15.4.5 共用物件的有效範圍

一般來說，上面介紹物件的有效範圍適用於大部分的情況，沒意外的話，當我們拿到物件時，直接回傳回去應該是不會有問題的，不過有些例外，這些例外大致分成兩種：

1. 當存在於容器類別中的物件被移除時：

```
heisanObject = [array objectAtIndex:n];
[array removeObjectAtIndex:n];
// heisanObject 現在變成無效了.
```

當物件被容器類別移除時 (在本例中是一個陣列)，它會送一個 release 給要被移除的物件，若此時容器類別是此物件的唯一擁有者，被移除的物件將會馬上被系統釋放 (在本例中是 heisanObject)。

2. 當父物件被系統釋放時：

```
id parent = <#建立一個父物作 #>;
// ...
heisanObject = [[parent child] ;
[parent release];
// heisanObject 現在變成無效了.
```

在某些情況下我們由某個物件 A 取得了物件 B，然後系統將物件 A 釋放掉，若此時物件 A 是物件 B 的唯一擁有者，那麼物件 B 則有可能馬上隨著物件 A 被系統釋放掉，這是因為物件 A 是物件 B 的擁有者，所以在消失前要釋放掉物件 B，若物件 A 呼叫的是 release，則物件 B 會馬上被系統釋放，若是呼叫 autorelease，則是稍後被系統釋放。

要避免上面的錯誤，我們必須retain heisanObject物件，然後在不需要使用後，再呼叫它的release，如下：

```
heisanObject = [[array objectAtIndex:n] retain];
[array removeObjectAtIndex:n];
// 使用 heisanObject.
[heisanObject release];
```

15.5 存取方法（Accessor Methods）

如果你的類別中有一個物件的變數，那麼你必須確保這個物件在需要存取它時都是存在的，因此我們必須要取得物件的擁有權，同時在使用完後釋放它。

舉例來說，如果你有一個屬性可以設定，這個設定方法的內容如下：

```
– (void)setAttribute:(Attribute *)newAttribute
{
[myAttribute autorelease];
my = [newAttribute retain]; /* 將新的屬性保留起來. */
return;
}
```

在上面的例子中，因為我們使用 retain 來記住新的屬性，所以這個物件是別人共用的，也就是說在別的地方可能會有人共同使用這個物件，如果需要擁有自己的物件，我們應該要使用 copy 來將這個物件建立拷貝下來：

```
– (void)setAttribute:(Attribute *)newAttribute
{
[myAttribute autorelease];
my = [newAttribute copy]; /* 將新的屬性拷貝起來. */
return;
}
```

以上兩個方法都會呼叫原來物件的 autorelease，所以使用起來沒有問題，但因為 autorelease 是延後系統釋放物件的時機，而有時我們會希望物件能儘早將不用的資源釋放掉，所以會將 autorelease 改成 release，這樣在沒有人在使用舊屬性時，舊屬性佔用的資源就可以即時被釋放掉，但是這樣又會衍生出另一個問題，也就是當新屬性和舊屬性為同一個物件時，一經 release 有可能馬上被系統釋放掉，這樣之後的 retain 或是 copy 就會造成系統當掉 (因為存取已經被系統釋放的資源)，為了避免新屬性和原來屬性是同一個物件而不小心被系統釋放掉，因此我們將新的實作改為以下寫法來避免這種錯誤發生：

```
– (void)setAttribute:(Attribute *)newAttribute
{
        if(newAttribute != myAttribute)
{
                [myAttribute release];
        myAttribute = [newAttribute retain]; /* 或是使用 copy */
}
return;
}
```

在上面所有例子中，我們都沒有將 myAttribute 釋放掉，這是因為在這些例子中，myAttribute 是我們物件的一個屬性，這時 myAttribute 必須在物件 dealloc 中釋放掉，否則就會造成記憶體的遺漏。

15.6 釋放物件佔用的資源（Deallocating an Object）

當物件的 retain count 為 0 時，它所佔用的記憶體就會被系統回收，我們將這種行為稱為 freed 或是 deallocated，如果你的類別中擁有自己的物件，那麼你就必須實作 dealloc 方法，並在裏面將這個物件釋放掉，請參考下面的範例：

```
- (void)dealloc
{
        [mainAttribute release];
        [auxiliaryAttribute release];
        [super dealloc];
}
```

dealloc 將自動由系統呼叫，我們不應該主動呼叫物件的 dealloc。

就字面上來說，release 和 dealloc 都有釋放的意思，因此剛開始學習的時候可能會感到困惑，基本上這兩個最主要的差別為 release 是指將 retain count 減 1，而 dealloc 則是真正的釋放佔用系統的記憶體，因此，關於這兩者正常的流程是我們使用 release 來減少物件的 retain count，當 retain count 減到 0 時，dealloc 就會被呼叫，並將物件佔用的記憶體釋放掉，還給系統。

關於 property 的 release 和平常的物件變數很類似，但是更簡單，假設上面例子中的 mainAttribute、auxiliaryAttribute 都是 property 時，dealloc 方法的內容將會變成：

```
- (void)dealloc
{
    self.mainAttribute= nil;
    self.auxiliaryAttribute= nil;
    [superdealloc];
}
```

將某個 property 指定成 nil 可能有兩種情形，如果 property 的屬性是 assign，上面的敘述會直接將對應到 property 的變數設成 nil，若是 property 的屬性是 retain，則上面的敘述將會先呼叫 property 對應變數的 release 再將它設成 nil，以上面的 mainAttribute 來說，若 property 和變數的名字都叫做 mainAttribute 的話，而屬性是使用 retain 時，呼叫：

```
self.mainAttribute = nil;
```

意思就等同

```
[mainAttribute release];
mainAttribute = nil;
```

若 mainAttribute 是使用 assign 或是 mainAttribute 不是一個物件時，呼叫：

```
self.mainAttribute = nil;
```

的意思就和

```
mainAttribute = nil;
```

意思是相同的。

依照上面的例子看來，其實在某些時候，將一些常常會修改到的數值設定成 property，就某方面來說就可以簡化程式的撰寫（因為只要將 property 設定好就不必再擔心 retain、release 有沒有對稱之類的問題了）。

15.7 以參考方式傳回的物件 (Objects Returned by Reference)

在 Cocoa Touch 中有些方法將會傳回物件的參考 (也就是 ClassName ** 或是 id *)，常見的例子就是 NSError，通常許多函數使用這個物件將錯誤訊息回傳給呼叫的人，例如：

類別	方法
NSData	- (id)initWithContentsOfURL:(NSURL *)url options:(NSDataReadingOptions) readOptionsMask error:(NSError **)errorPtr;
NSString	- (id)initWithContentsOfURL:(NSURL *)url encoding:(NSStringEncoding)enc error:(NSError **)error;

依據前面介紹的規定，我們並沒有產生 NSError 這個物件，所以並不擁有它，因此也沒必要去釋放它，在下面的例子中，我們取回的 NSError 並不用去 release 它。

```
NSString *fileName = <# 檔案名稱 #>;
NSError *error = nil;
NSString *string = [[NSString alloc] initWithContentsOfFile:fileName
encoding:NSUTF8StringEncoding error:&error];
if(string == nil)
{
        // 錯誤處理 ...
}
// ... 做一些和這個 string 相關的事
[string release];
```

15.8 循環參照

在某些情況下，兩個物件可能會互相參考，也就是說，這兩個物件都有一個實體變數指向對方，舉個例來說，一個文字處理器的 Document 物件 (用來表示整份文件)，建立了許多 Page 物件 (用來表示每一個頁面)，而每 Document 物件會記住每一個 Page 的參考，然後每個 Page 也必須有一個變數來記住 Document 物件，然後 Page 物件又有類似的情況也建立了許多 Paragraph 物件 (用來表示段落)，如果這些物件，都使用 retain 來確保對方的存在時，就會造成循環參照 (Cyclical reference)，這時以 Document 和

Page 的關係來說，Document 必須要 Page 消失後才會消失，而 Page 又要等 Document 消失後才會消失，這樣的結果就會造成兩個人永遠都沒有辦法消失 (因為兩者的 retain count 永遠不會為 0)。

為了要解決這個問題，我們必須為這類的物件建立階層性的架構，以此例來說，Document 必須是整份文件的根節點 (root node)，而 Page 則為 Document 的子節點 (child node)，換句話說 Document 為 Page 的父節點 (Parent node)，然後只有父節點 retain 子節點，子節點只使用弱連結和父節點進行連結，這樣就可以解決這個問題，請參考圖 15-1 的示來表示這個問題：

> 弱連結 (weak link)，在這指的是沒有 retain 對方物件，僅記住對方的參考，若對方消失我們並不會知道。

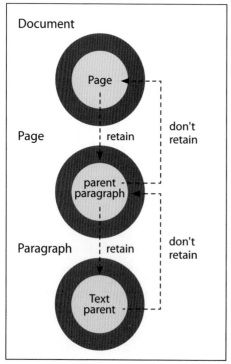

■ 圖 15-1

15.9 自動釋放池（Autorelease pool）

在Cocoa Touch中了解autorelease pool的運作是很重要的一件事，在這一節中我們將對autorelease pool進行初步的介紹。

15.9.1 自動釋放池概觀

Autorelease pool是NSAutoreleasePool的一個實體，autorelease pool中裝著那些收過autorelease訊息的物件，當autorelease pool dealloc時，它會對在裏面的所有物件發送release訊息，物件每放進autorelease pool一次，在結束時就會被呼叫一次release，換句話說每呼叫一次autorelease，最後的效果等同於呼叫同樣次數的release，只不過這些release會延後被呼叫的時機，因此，使用autorelease來取代release可以延長物件的生命週期，因為物件會等到autorelease後才有可能被系統釋放掉。

系統使用一個Stack來管理Autorelease pool，當我們產生一個 autorelease pool物件時，系統會將這個物件push到這個stack中，當autorelease pool dealloc時，系統會將這個物件由stack中移出，當一個物件收到autorelease訊息時，它將會被放到目前stack最上面的autorelease pool中，也就是最後放進stack的那一個autorelease pool。

一般來說在程式起始的main函數中一定會有一個autorelease pool，請參考任何一個專案中的main.m，它的內容大致如下：

```
int main(int argc, char *argv[]) {
    NSAutoreleasePool *pool = [[NSAutoreleasePool alloc] init];
    int retVal = UIApplicationMain(argc, argv, nil, nil);
    [pool release];
    return retVal;
}
```

我們可以看到main函數的第一行就是在建立autorelease pool，而這個pool將在呼叫[pool release]時被系統釋放掉，一般來說我們不必自己去管理autorelease pool，下面是幾個例外的情況，在這些情況下我們必須處理autorelease pool的生成和結束。

- 當你在寫一個command line的程式，這時系統不會自動幫你進行autorelease pool的支援。

- 當你產生一個新的執行緒，必須在執行緒開始時建立自己的 aurorelease pool。

- 當你在使用迴圈撰寫程式，而這個迴圈中使用了許多暫存的物件，你可以建立 autorelease pool 來管理這些物件，這樣這些物件就可以提早被釋放，讓系統不會累積太多不再使用的物件 (否則這些物件會延後被釋放)。

此外，在使用 autorelease pool 時要注意的就是，autorelease 必須在方法中直接使用，絕對不能將 autorelease pool 變成某個物件的實體變數。

15.9.2 Autorelease pool 和執行緒

每個在 Cocoa Touch 應用程式的執行緒都擁有各自的 stack 來管理自己的 autorelease pool，當一個執行緒結束時，它會負責釋放所有自己的 autorelease pool，主執行緒 (main thread) 會自行管理自己的 autorelease pool，所以在程式中我們不必去理會主執行緒的 autorelease pool 是如何運作的，不過如果你要在主執行緒外建立自己的執行緒，就必須要建立自己的 autorelease pool。

如果你的程式或是執行緒的生命週期非常地長而且會產生一堆的 autorelease 物件，那麼你應該要定期地建立和刪除 autorelease pool，否則 autorelease 物件會一直持續佔用記憶體而且不斷地增加，嚴重的情況可能會造成整個 iOS 系統掛掉，不過如果你建立的執行緒沒有用到任何 Cocoa Touch 的東西，那麼就可以不用建立自己的 autorelease pool。

15.10 在 Cocoa Touch 中使用 Core Foundation 的物件

許多 Core Foundation 和 Cocoa Touch 的物件可以使用型別轉換來互通有無,例如 CFString 和 NSString 的物件 (兩者分別為 Core Foundation 和 Cocoa Touch 中處理字串的類別),在這一小節我們會舉些例子來介紹這兩者之間互相轉換的方法。

Core Foundation 的記憶體配置原則是你必須釋放掉由包含「Copy」或「Create」的函數傳回的值 (請參考前面小節的介紹)。

在 Core Foundation 和 Cocoa Touch 之間的轉換非常地類似,因為這兩者的物件都有實作「allocation / retain / release」這些功能,舉例來說:

```
NSString *str = [[NSString alloc] initWithCharacters: ...];
...
[str release];
```

等同於

```
CFStringRef str = CFStringCreateWithCharacters(...);
...
CFRelease(str);
```

或

```
NSString *str = (NSString *)CFStringCreateWithCharacters(...);
...
[str release];
```

或

```
NSString *str = (NSString *)CFStringCreateWithCharacters(...);
...
[str autorelease];
```

就如上面的例子,當物件產生後,Cocoa Touch 和 Core Foundation 的物件就可以使用轉型來互相使用,而上面最後一個例子也介紹了如何將 Core Foundation 物件放到 autorelease pool 的方法,這在程式碼混用的環境下是相當方便的。

15.11 Nib 物件的記憶體管理

不管是在 Mac OS X 或是 iOS 的開發，nib 檔案應該使用屬性配合 IBOutlet 的方式來存取，以下為通用的語法：

@property (attributes) IBOutlet UserInterfaceElementClass *anOutlet;

不過在實作上 Mac OS X 或 iOS 稍有不同 (這部分在各平台的開發文件中有提到)，以下是這兩個平台不同的宣告方式：

在 Mac OS X 中，請使用：

@property (assign) IBOutlet UserInterfaceElementClass *anOutlet;

在 iOS 中，請使用：

@property (nonatomic, retain) IBOutlet UIUserInterfaceElementClass *anOutlet;

當宣告完成後，再使用 synthesize 為對應的屬性產生存取函數，或是自行實作存取函數，而在 iOS 中，在 dealloc 方法中必須呼叫對應變數的 release 方法。

15.12 小結

在這一章中我們對 Core Foundation 和 Cocoa Touch 的記憶體管理做了初步的介紹，裏面的許多小細節在剛開始的練習可能還不會那麼熟悉，不過只要經過多次練習和反覆驗証，再配合 Xcode 裏功能原始碼分析的功能，相信對產出程式的穩定度都會有相當大的幫助。

15.13 習題

1. 請舉個例子說明如何將一個 Objective-C 物件放到自動釋放池中。

2. 請說明程式中的 Objective-C 物件遇到循環參照時，會產生什麼問題？該如何解決？

3. 若在 Objective-C 中想要將 Core Foundation 的物件放入自動釋放池中，該如何處理？

4. 請問 Objective-C 物件在何時會被系統釋放掉？

5. 請說明 Objective-C 物件中 retain 和 release 方法的使用時機為何。

Note

Chapter 16
未知的旅程－多執行緒、動畫

本章學習目標：

1. 了解iOS中多執行緒程式的一些基本技巧。

2. 了解iOS動畫相關的一些基本技巧。

在前面的章節中介紹了許多iOS開發的基本概念，在本章將延續前面的概念，更進一步地介紹一些在實務上很常用的一些技術，這些技術在觀念上並不難，初學者只要用心一些，對這些技術就能夠順利地掌握。

Learn more▸

Written by 彭煥閣

16.1 多執行緒程式

多執行緒程式幾乎是所有實務上都必須要面對的一個重要觀念，畢竟在現在的開發環境中，單一執行緒的程式可以說是不存在，因此了解iOS的多執行緒可以說是進入職場最基本，也是必備的課程。

iOS的畫面更新等相關工作必須在主執行緒執行 (main thread)，因此在很多情況下，如抓取資料等等工作必須要使用新的執行緒來執行才不會影響到畫面的流暢度。

由於關於多執行緒的基本概念範圍相當地廣泛，本書並不打算討論，取而代之的在本書中介紹一些在iOS中比較容易理解和實作的多執行緒技術：NSThread、NSOperationQueue和NSObject內建的多執行緒功能。

本章將對這些較進階的技術做一些基本觀念上的介紹，待讀者了解這些基本概念後，有機會再自行深入研究。

16.2 多執行緒程式注意事項

在 iOS 中使用執行緒有一件事要特別注意，iOS 中的每一個執行緒都必須要有自己的
自動釋放池 (Auto release pool)，因此若讀者們要將某個方法放到主執行緒以外的緒行
緒中執行，請參考前面章節的介紹來建立自己的自動釋放池，而在主執行緒執行的程
式則由於系統已經配好自動釋放池，因此毋需建立自己的自動釋放池。

16.3 NSObject 的 Thread

任何一個 NSObject 都可以很容易地產生一個新的執行緒來執行某一個方法，在
NSThread.h 中替 NSObject 定義了許多產生新執行緒的方法，而最簡單也最直覺的一個
方法就是：

```
- (void)performSelectorInBackground:(SEL)aSelector withObject:(id)arg;
```

任何一個 NSObject 的物件，都可以使用上述的方法將自身的某一個方法丟到背景執行
緒去執行，而另一個類似的方法為：

```
- (void)performSelectorOnMainThread:(SEL)aSelector withObject:(id)arg waitUntilDone:(BOOL)
wait;
```

則是要求系統將某一個方法放入主執行緒的排程中，將這個方法在主執行緒中執行，
即使目前並不在主執行緒中。

至於何時使用上述這兩個方法，必須要依當時的情況而定，在 iOS 中有些動作被規定
必須要在主執行緒中執行 (通常是和存取畫面資源相關的動作)，而有些動作則是較適
合在背景執行，例如某個表格內的資料是由網路取得，此時這個資料就比較適合在背
景執行，否則表格在更新資料時就可能會因為網路的狀態不佳，而造成畫面不流暢並
進而影響到使用者的使用經驗，使用上述這兩個方法可以非常方便地在主執行緒和背
景執行緒中切換。

16.4 NSThread

NSThread是iOS中主要用來產生執行緒的類別，以下是常用來產生新執行緒的方法之一：

```
+ (void)detachNewThreadSelector:(SEL)selector toTarget:(id)target withObject:(id)argument;
```

除了負責產生新的執行緒之外，NSThread提供了許多方法來方便在程式中查詢或是控制執行緒的狀態，雖然NSThead主要的功能是用來產生執行緒，但是NSThread所提供的狀態查詢方法，在程式開發或是偵錯中相當地實用，因為程式的開發常會用到別人開發的函數庫，這時想要精確地了解各個執行緒執行的情形就有賴這些方法，而這些方法對了解和設定程式當下的執行緒狀況也是非常有用，以下是幾個常用的方法和介紹：

+ (NSThread *)currentThread;	取得代表目前執行緒的物件。
+ (BOOL)isMultiThreaded;	查詢目前程式是否是在多執行緒下的環境執行。
+ (BOOL)isMainThread;	查詢目前執行緒是否為主執行緒。
+ (double)threadPriority;	查詢目前執行緒的優先權為何？
+ (void)sleepForTimeInterval:(NSTimeInterval) ti;	暫停目前執行緒一段時間，並將工作權交給其他執行緒。
+ (BOOL)setThreadPriority:(double)p;	設定目前執行緒的優先權，大小為0.0～1.0。

除了上述常用到的方法之外，NSThread產生的執行緒物件也常會用來做為某些方法的參數，有興趣的讀者可以參考NSThread.h的說明檔來取得更多的資料。

初學者可能會很好奇為什麼執行緒還要有優先權的分別，這是由於在實務上許多工作都會在背景執行，原則上主執行緒會擁有最高的優先權，所有的執行緒都要儘量避免影響到主執行緒的執行，在iOS中甚至有所謂的看門狗程式在背後偷偷檢查所有程式的執行，若某個程式卡住主執行緒太久，該程式會整支被系統移除，除了主執行緒之外，各個執行緒之間也可能會有優先順序，例如某些下載檔案的動作，因為本身就無法確定整個工作完成的時間，因此就有可能將它的優先權調小以避免影響到其他執行緒的執行。

16.5 @synchronized

在多執行緒的程式中有一個重要的工作就是要防止某些方法在同時間被不同的執行緒存取、修改，進而造成程式上的錯誤，要防止某個方法同時被不同執行緒存取，可使用 @synchronized 來達成這個任務，如下例：

```
@synchronized(obj)
{
        //在這裏面的程式碼同時只會被一個執行緒存取。
}
```

其中的 obj 就是用來防止交互存取的物件，在 Apple 的範例中，常使用 self 來代表 obj，這就表示在某個物件中 (即 self 所指向的物件) 的某一個方法，一次只能有一個執行緒來存取。

16.6 NSTimer

NSTimer 是常在多執行緒環境主題下拿來討論的類別之一，不過嚴格來說，NSTimer 可以定期或是在某個指定的時間後執行某一段程式，不過卻是依附在主執行緒下執行，因此在多數的情況下 NSTimer 並不是以多執行緒的方式來執行任務，所以被執行的方法中並不需要產生自己的 Autorelease pool，除了上述的特性之外，必須要特別注意的地方就是 NSTimer 本身的精確度約在 50-100 ms 之間，而且會受到當時系統排程的影響，因此 NSTimer 並不適合用來執行時間精確度要求較高的程式。

NSTimer 依照建立的方式分成兩大類：

自動執行	由 (1) scheduledTimerWithTimeInterval:invocation:repeats: 或是 (2) scheduledTimerWithTimeInterval:target:selector:userInfo: repeats: 發動，這種 timer 將會放入目前的排程 (沒有指定的話將會是主執行緒) 中，待時間到後即開始執行。

手動執行	由
	timerWithTimeInterval:invocation:repeats:
	或是
	timerWithTimeInterval:target:selector:userInfo:repeats:
	發動，這種 timer 必須在之後使用排程（NSRunLoop 類別）中的 addTimer:forMode: 方法來將 timer 加入排程，若 timer 的觸發點是在使用者執行某個動作之後，便可使用這種呼叫方式。

在程式執行中，若需要中斷某一個 timer，只要呼叫它的 invalidate 方法即可。

若程式單純只是想要在某個時間之後執行某個方法，除了 NSTimer 之外，NSObject 本身內建了 performSelector: withObject:afterDelay: 來執行類似 NSTimer 的動作也是常用的方法之一。

關於 NSTimer 的使用方式請參考以下的範例：

```
- (NSDictionary *)userInfo {
    return [NSDictionary dictionaryWithObject:[NSDate date] forKey:@"StartDate"];
}

- (void)targetMethod:(NSTimer*)theTimer {
    NSDate *startDate = [[theTimer userInfo] objectForKey:@"StartDate"];
    NSLog(@"Timer started on %@", startDate);

}

- (IBAction)startOneOffTimer:sender {
    [NSTimer scheduledTimerWithTimeInterval:2.0// 排定 2 秒後要執行
        target:self                //將呼叫的目標物件是自已
        selector:@selector(targetMethod:) //將要呼叫的方法
        userInfo:[self userInfo]       //要攜帶的額外資訊
        repeats:NO];             //是否要重覆執行
}
```

在上面的範例中，當使用者呼叫了 startOneOffTimer: 方法之後，系統將會在 2 秒鐘之後去執行 targetMethod: 這個方法。

16.7 NSOperation 和 NSOperationQueue

除了上述幾種多執行緒的應用，iOS 還提供了非常實用的類別 NSOperarion 和
NSOperarionQueue 來幫助設計人員開發同步／非同步執行的程式，就程式的角度來
說，NSOperation 物件代表著某一件工作 (文後將直接稱為 operation 或是 operation 物
件)，而 NSOperationQueue 則是用來存放這些工作的地方 (文後將簡稱為 operation
queue)，程式可以產生一系列的工作物件，然後將這些物件放入佇列中，待這些工作
收到執行指令後，這些工作就會自動產生自己的執行緒來完成工作，而不影響到其他
執行緒的作業，舉例來說，如果表格視圖的內容是來自網路，那麼每個儲存格的內容
仰賴於當時的網路狀況，這個時候就可以將每一個儲存格要抓取網路的動作，變成一
種 operation 物件，然後再將這些 operaton 物件放到 NSOperationQueue 中，之後就可
以利用內建的方法來監控、執行、暫停這些工作的執行，非常的方便。

接下來讓我們研究一下該如果善用這兩個好用的類別，首先來看一下 NSOperation，
operation 是一個可以單獨使用的物件，當程式想要直接執行 operation 物件的工作時，
只要直接呼叫它的 start 方法即可，不過雖然 NSOperation 可以直接拿來使用，但這實
在是有點大材小用，若不想寫多執行緒程式卻把工作包裝成 operation 物件，甚至可以
說是有點沒事找事，因此本小節對 NSOperaton 類別、NSOperationQueue 類別的介紹
將會以多執行緒環境下的作法為主。

16.7.1 NSOperation 概觀

NSOperation 是一個抽象的類別，換句話說，在實作上必須要自行建立一個
NSOperation 的子類別來進行操作 (或是使用現成的子類別 NSInvocationOperation、
NSBlockOperation)，而每個 operation 物件的工作都只執行一次，基本上程式不會直
接執行 operation 的工作，取而代之的是將 operation 放入 operation queue 中，operation
queue 就會自動產生獨立的執行緒來執行這些 operation。

建立這些要放到 operation queue 的物件只要覆寫 NSOperation 裏的 main 方法即可，設
計人員建立好 NSOperaton 的子類別，再將要執行的工作實作在 main 方法裏，整個
operation 的工作就算完成，剩下的動作就只剩下將 operation 放進 operation queue 而已。

16.7.2 NSOperationQueue

說實話，若沒有配合 operation queue，operation 的用處實在不大，所以在一般的情況下，operation 和 operation queue 是成對出現的，而以下是 operation queue 幾個常用的方法和說明：

- (void)addOperation:(NSOperation *)op;	將指定的 operation 加入 queue 中。
- (NSArray *)operations;	回傳目前在 queue 中的 operation。
- (NSUInteger)operationCount;	回報目前有多少個 operation 還在 queue 中。
- (NSInteger)maxConcurrentOperationCount;	回報可以同時執行的 operation 個數。
- (void)setMaxConcurrentOperationCount:(NSInteger)cnt;	設定可以同時執行的 operation 個數。
- (void)setSuspended:(BOOL)b;	暫停／回復 operation queue 的執行。
- (void)cancelAllOperations;	停止執行所有的 operation。
- (void)waitUntilAllOperationsAreFinished;	等待 operation queue 中所有工作完成後，再執行接下來的工作，要注意這個指令會卡住目前執行緒的工作。

經過上面的介紹後，讓我們用一個例子來體驗一下 NSOperation 和 NSOperationQueue 的功能吧，這個例子中將使用到前面章節介紹的表格視圖，字串等類別來抓取：

- www.apple.com
- www.yahoo.com
- www.bing.com

這三個網站的文字內容，並在資料抓取完成後將文字內容用表格顯示出來，完整的範例請參考書本附的範例檔，本小節將對此範例的重點加強解說。

首先，先實作一個繼承自 NSOperation 的 PageLoadOperation 負責網頁下載的工作，依照前面的介紹 PageLoadOperation 只須實作 main 方法如下：

```
- (void)main
{
    NSAutoreleasePool * pool = [[NSAutoreleasePool alloc] init];
    NSURL * url = [NSURL URLWithString:self.path];
```

```
    NSStringEncoding encoding;
    NSError * error = nil;
    NSString * data = [NSString stringWithContentsOfURL:url usedEncoding:&encoding
error:&error];

    if (error) {
       NSLog(@"%@", error);
    }

    if ([self.tableViewController respondsToSelector:@selector(updateData:source:)]){
       [self.tableViewController updateData:data source:self.path];
    }
    [pool release];
}
```

因為這段程式會有自己的執行緒，因此在 main 方法中有自己的自動釋放池，在結尾
的地方則是要抓回來的資料回傳給表格視圖控制器。

在表格視圖控制器中 (RootViewController) 建立一個 operation queue，並建立三個
operation 來負責抓取網路上的資料：

```
NSString * bingUrl = @"http://www.bing.com/";
NSString * yahooUrl = @"http://www.yahoo.com";
NSString * appleUrl = @"http://www.apple.com";
```

```
- (void)viewDidLoad
{
   [super viewDidLoad];
   _queue = [[NSOperationQueue alloc] init];
   [_queue setMaxConcurrentOperationCount:2];

   PageLoadOperation * operation_google = [[PageLoadOperation alloc] init];
   operation_google.path = bingUrl;
   operation_google.tableViewController = self;
   [_queue addOperation:operation_google];
   [operation_google release];

   PageLoadOperation * operation_apple = [[PageLoadOperation alloc] init];
   operation_apple.path = appleUrl;
   operation_apple.tableViewController = self;
   [_queue addOperation:operation_apple];
```

```
    [operation_apple release];

    PageLoadOperation * operation_yahoo = [[PageLoadOperation alloc] init];
    operation_yahoo.path = yahooUrl;
    operation_yahoo.tableViewController = self;
    [_queue addOperation:operation_yahoo];
    [operation_yahoo release];
}
```

下面這段程式負責接收 operation 完成的工作，最後一行的 reloadData 的功能是請表格
視圖更新表格的內容：

```
- (void) updateData:(NSString *)data source:(NSString *)source
{
    if ([source isEqualToString:appleUrl]) {
        self.appleData = data;
    }
    else if([source isEqualToString:bingUrl]) {
        self.bingData = data;
    }
    else if([source isEqualToString:yahooUrl]) {
        self.yahooData = data;
    }

    [self.tableView reloadData];
}
```

再來就是實作表格內容該顯示什麼內容，當資料還沒抓取完成時，則顯示資料尚未下
載完成，若有資料則將資料顯示出來：

```
- (UITableViewCell *)tableView:(UITableView *)tableView cellForRowAtIndexPath:(NSIndexPath *)
indexPath
{
    static NSString *CellIdentifier = @"Cell";

    UITableViewCell *cell = [tableView dequeueReusableCellWithIdentifier:CellIdentifier];
    if (cell == nil) {
        cell = [[[UITableViewCell alloc] initWithStyle:UITableViewCellStyleDefault
reuseIdentifier:CellIdentifier] autorelease];
    }
```

```
if (indexPath.row == 0) {
    if (self.appleData == nil) {
        cell.textLabel.text = @"Apple data not ready!";
    }
    else {
        cell.textLabel.text = self.appleData;
    }
}
else if(indexPath.row == 1) {
    if (self.bingData == nil) {
        cell.textLabel.text = @"Bing data not ready!";
    }
    else {
        cell.textLabel.text = self.bingData;
    }
}
else if(indexPath.row == 2) {
    if (self.yahooData == nil) {
        cell.textLabel.text = @"Yahoo data not ready!";
    }
    else {
        cell.textLabel.text = self.yahooData;
    }
}

// Configure the cell.
return cell;
}
```

完成上述程式後工程大致上就完成了，只要幾個簡單的步驟，這些抓取網路資料的
工程就會用自己的執行緒來完成工作，相信應該比各位想像中的多執行緒程式簡單許
多，至於其他的功能，就留給讀者們自行練習了。

16.8 Grand Central Dispatch（GCD）

Grand Central Dispatch 是 iOS 4 後提供給程式人員新的多執行緒技術，這個技術必須搭配 block 一起使用，使用 GCD 來撰寫多執行緒可以相當程度地簡化多執行緒程式的開發，就字面上來看，dispacth 的本意是發送、發信之類的意思，而 grand 是形容某個東西很大，而 central 則是中央的意思，像平常我們在電視中看到的國外那種很大很大的火車站，英文就叫做 Grand Central Terminal，所以 Grand Central Dispatch 顧名思義大概就可以想像成是某個訊息的集散中心，我們工程師要做的事就是把工作打包起來，丟到 GCD 裏，然後 GCD 就會自動地幫我們去把工作完成，相當地方便，本節將會針對如何使用 GCD 開發程式進行初步的介紹。

16.8.1 使用 GCD 的好處

Apple 設計出這個新的技術，自然要有比以前更優越的地方才能吸引開發人員使用，以下就是幾個 GCD 常見的好處：

- 簡單
  - GCD 僅需在原來的程式碼中套用加入 block 和一些簡單的語法即可，幾乎不需要修改到原來的程式碼。
  - GDC 底層的實作已經隱含了執行緒之間同步的機制（critical section），設計人員不必額外為執行緒的同步和排序操心。
- 方便
  - 傳統的多執行緒程式，每呼叫一個方法都要獨自一段程式碼來處理，使用 GCD 可以將這些同性質的呼叫全部放在同一區塊中，一起呼叫。
  - 因為是使用 block，所以不用特別為傳入執行緒的參數進行打包，和平常使用參數的方式相當地類似。
- 有效率
  - GCD 會自動重覆使用已經空閒的執行緒，不會一直產生新的執行緒來消耗系統的資源。

16.8.2 如何使用 GCD

GCD 目前已由 SDK 的底層直接支援，因此使用 GCD 不必再額外載入新的函數庫，只要使用以下方式引進 GCD 的標頭檔即可：

```
#import <dispatch/dispatch.h>
```

GCD 在使用上相當地簡單，雖然 GCD 提供了相當多的函數給我們使用，不過其中最重要也是最需要理解的函數只有一個，就是：

```
dispatch_async()
```

這個函數的宣告是：

```
void dispatch_async(dispatch_queue_t queue, dispatch_block_t block);
```

讓我們來研究一下這個函數的結構，首先這個函數由 void 開始，也就是說這個函數並沒有回傳值，僅僅是提供我們去做某件事的一個方法，接下來是函數的名稱：

▲ dispatch_async

基本上 GCD 系列的函數全部是由 dispatch 開頭，後面接著說明要做的事是什麼或是什麼東西之類的字眼，像上面的例子要做的事叫做 async，async 是 asynchronous（非同步）常用的縮寫，所以很直覺地就知道這個函數打算使用非同步的方式來執行工作，接下來的兩個參數：

- **dispatch_queue_t**：指的是 GCD 裏的一種物件 dispatch queue，這東西很像是前面章節介紹的 operation queue，只不過使用上更簡單就是了，當我們決定工作是在主執行緒，或是希望在不同執行緒、不同優先順序的執行緒來執行程式時，就是藉由指定這個參數來達到我們的目的。

- **dispatch_block_t**：這就是我們要丟到多執行緒中的 block 區塊，程式的工作就是放在這個 block 中，之後這些工作就會被送到 queue 中排隊等候執行。

在大致上了解了這個函數的結構之後，接下來要介紹的是這個函數的第一個參數 dispatch_queue_t，在前面提到了這個參數中的 queue 是一種先進先出（FIFO）的物件，常見和 queue 相關的函數有三個，它們的說明如下：

dispatch_get_main_queue()	將工作丟到這個函數取回來的 queue 將會在主執行緒中執行。
dispatch_get_global_queue (dispatch_queue_priority_t priority, unsigned long flags)	取得系統內建的 queue，第一個參數可以指定 queue 要使用的執行緒優先權為何，第二個參數目前沒有使用，請永遠填 0。
dispatch_queue_create(const char *label, dispatch_queue_attr_t attr)	第一個參數是 queue 的名字，建議使用 com. example.myqueue 之類可供辨別的字串以避免和其它函數庫使用的名字衝突，第二個參數目前沒有使用，請永遠填 0，此外由 dispatch_queue_create() 產生的 queue，在使用完畢後必須使用 dispatch_release() 來將它釋放掉。

上面介紹的 global queue，有個要注意的地方就是 queue 雖說是 FIFO 的資料結構，但這只表示依序丟入 queue 中的工作會依序執行，不過因為 global queue 會有一個以上的執行緒在內部運作，因此無法保證這些工作也會依序完成。

在上面的 dispatch_get_global_queue 函數中第一個參數可以填的值有：

- DISPATCH_QUEUE_PRIORITY_HIGH
- DISPATCH_QUEUE_PRIORITY_DEFAULT
- DISPATCH_QUEUE_PRIORITY_LOW
- DISPATCH_QUEUE_PRIORITY_BACKGROUND

這 4 種分別是高、預設、低和背景的優先順序，而有趣的是這些值的定義是：

```
#define    DISPATCH_QUEUE_PRIORITY_HIGH          2
#define    DISPATCH_QUEUE_PRIORITY_DEFAULT  0
#define    DISPATCH_QUEUE_PRIORITY_LOW         (-2)
#define    DISPATCH_QUEUE_PRIORITY_BACKGROUND        INT16_MIN
```

也就是說，預設的優先權值為 0，而最高的值是 2，背景最不重要的則是最小的 INT16 整數，優先權其實和它們的大小有關的。

除了上面這個API之外，GCD也提供了其他幾個和傳統執行緒程式相容的方法給我們使用，待會我們會對這一些轉換的方式做簡單的介紹，接下來我們要使用一個簡單的範例來說明如何使用GCD，我們修改一下前面章節的範例來抓取網頁資料，但是在沒有多執行緒的情況下會是這樣的（完整程式碼請參考範例檔）：

我們使用getData:方法來負責抓取網頁資料：

```
- (void) getData:(NSString *)path
{
    NSURL * url = [NSURL URLWithString:path];
    NSStringEncoding encoding;
    NSError * error = nil;
    NSString * data = [NSStringstringWithContentsOfURL:urlusedEncoding:&encoding error:&error];
    if (error) {
        NSLog(@"%@", error);
    }

    [self updateData:datasource:path];
}
```

在getData結束時我們會呼叫自己的updataData:source:方法：

```
- (void) updateData:(NSString *)data source:(NSString *)source
{
    if ([source isEqualToString:appleUrl]) {
        self.appleData = data;
    }
    elseif([source isEqualToString:bingUrl]) {
        self.bingData = data;
    }
    elseif([source isEqualToString:yahooUrl]) {
        self.yahooData = data;
    }

    [self.tableViewreloadData];
}
```

然後在viewDidLoad呼叫getData:來執行抓取資料的動作：

```
- (void)viewDidLoad
{
```

```
self.paths = [NSArrayarrayWithObjects:bingUrl, yahooUrl, appleUrl, nil];

for (int i = 0; i < [self.pathscount]; i++) {
    [selfgetData:[self.pathsobjectAtIndex:i]];
}

[superviewDidLoad];
}
```

在沒有多執行緒的情況下，viewDidLoad的執行時間有賴網路的狀況，進而影響到程
式載入的速度，因此我們希望將抓取網頁內容的動作丟到背景去執行，所以我們為程
式加入GCD的程式碼，viewDidLoad將會變成：

```
- (void)viewDidLoad
{
    self.paths = [NSArrayarrayWithObjects:bingUrl, yahooUrl, appleUrl, nil];

    for (int i = 0; i < [self.paths count]; i++) {

        dispatch_async(dispatch_get_global_queue(0, 0), ^{

            [self getData:[self.pathsobjectAtIndex:i]];

        });
    }

    [super viewDidLoad];
}
```

加入上面的兩行之後，程式就會自動使用多執行緒去載入網頁的內容，基本上沒什麼
需要我們操心的，只不過是加了兩行程式而已，而且這兩行程式是可以適用於大部分
的情況，不光是這個範例而已，就這樣結束這個範例相信各位一定還不過癮，所以我
們打算沒事找事，將getData:的最後一個工作updateData:source:丟到主執行緒去做，
所以getData:將會修改如下：

```
- (void) getData:(NSString *)path
{
    NSURL * url = [NSURLURLWithString:path];
    NSStringEncoding encoding;
    NSError * error = nil;
```

```
    NSString * data = [NSStringstringWithContentsOfURL:urlusedEncoding:&encoding
error:&error];
    if (error) {
        NSLog(@"%@", error);
    }

    dispatch_async(dispatch_get_main_queue(), ^{

        [selfupdateData:datasource:path];

    });

}
```

又是加入兩行，只不過這次我們使用的 queue，由 global queue 換成了 main queue，就這樣，我們完成了這個範例，這個範例不但可以在背景執行網頁抓取的工作，而且還能再度切回主執行緒來更新資料，這個以往對新手來說幾乎是不可能的任務，現在輕輕鬆鬆就能搞定，這對大家來說可真是一大福音啊。

完成上述範例之後，其實大部分的多執行緒工作都可以完成了，不過既然我們說 GCD 很讚，那至少以往常用的多執行緒程式要能夠正常轉換到 GCD 的用法才可以，因此接下來會大致介紹一下這些方法之間的轉換方式 (以下程式碼可在 GCD 範例程式)：

1. performSelector:onThread:withObject:waitUntilDone:

這個方法是把工作丟到某個執行緒中執行，而 waitUntilDone 這個參數則是決定是否要等這個工作完成，以下是轉換的範例：

```
- (void) sample1
{
    dispatch_queue_t queue = dispatch_queue_create("com.example.gcd", 0);

    //waitUnitlDone: NO
    dispatch_async(queue, ^{
        [myObjectdoSomething:foowithData:bar];
    });

    dispatch_release(queue);
}
```

```
- (void) sample2
{
    dispatch_queue_t queue = dispatch_queue_create("com.example.gcd", 0);

    //waitUnitlDone: YES
    dispatch_sync(queue, ^{
        [myObjectdoSomething:foowithData:bar];
    });

    dispatch_release(queue);

}
```

2.performSelector:withObject:afterDelay:

這個方法會將工作延後執行，以下是轉換的範例：

```
- (void) sample3
{
    dispatch_queue_t queue = dispatch_queue_create("com.example.gcd", 0);

    dispatch_time_t delay;
    delay = dispatch_time(DISPATCH_TIME_NOW, 50000);

    dispatch_after(delay, queue, ^{
        [myObjectdoSomething:foowithData:bar];
    });

    dispatch_release(queue);
}
```

3. performSelectorInBcakground:withObject:

因為這時我們並不關心要在哪個執行緒執行，因此直接使用系統提供的 queue 就好了，
以下是轉換的範例：

```
- (void) sample4
{
    dispatch_queue_t queue = dispatch_get_global_queue(0, 0);

    dispatch_async(queue, ^{
```

```
    [myObjectdoSomething:foowithData:bar];
  });


}
```

4. performSelectorOnMainThread:withObject:waitUntilDone:

這個和前面的用法很類似，直接丟到 main queue 就可以了，以下是轉換的範例：

```
- (void) sample5
{
  //waitUnitlDone: NO
  dispatch_async(dispatch_get_main_queue(), ^{
    [myObjectdoSomething:foowithData:bar];
  });

}
```

```
- (void) sample6
{
//waitUnitlDone: YES
dispatch_sync(dispatch_get_main_queue(), ^{
    [myObjectdoSomething:foowithData:bar];
  });

}
```

以上介紹的轉換方式，相信對各位來說應該已是輕而易舉的小事了。

經過上面的介紹，相信各位已經了解了 GCD 的許多優點了，其實 GCD 還可以做更多工作，例如監控網路狀況、檔案系統的變化等許多功能，有興趣的讀者可以自行參考 SDK 的說明來更深入了解 GCD 的功能。

16.9 動畫

本書在前面的章節已經有提到一些過場動畫的設定，在iOS程式開發中，過場動畫大多已由系統搞定並不需要額外去費心，本小節將會介紹一些iOS提供給開發人員更進一步的動畫操作，這個主題大致分為三類，第一類是由視圖本身提供的動畫功能，這是UIKit的內建功能之一，第二類則是由Core Animation提供的功能，而第三類則是目前製作遊戲的主流OpenGL ES，本小節將會對第一類進行初步的介紹，至於第二、三類的主題需要的背景知識大多和OpenGL本身或是其他技術相關，因此本書並不多做介紹，但是第二類的主題觀念和第一類是相當類似的，只要了解第一類的動畫方法，第二類的製作方法是非常雷同的。

16.9.1 什麼東西是可以動的？

在UIView中提供了許多屬性可以拿來作為動畫的基本元素，只要對這些屬性進行設定、調整就可以製作一些簡單的動畫，下表列出了可以拿來做動畫的屬性：

屬性	說明
frame	修改這個屬性可以修改視圖相對於父視圖 (superview) 座標系統的大小和位置。
bounds	修改這個屬性可以修改視圖的大小。
center	修改這個屬性可以修改視圖相對於父視圖座標系統的位置。
transform	修改這個屬性可以放大、縮小、旋轉、移動視圖，這個屬性僅適用於2D的動畫。
alpha	修改這個值可以改變視圖的透明度。
backgroundColor	修改這個值可以改變視圖的背景顏色。
contentStretch	修改這個值可以改變視圖內容的顯示方式。

除了上述由UIView內建功能建立的動畫之外，若讀者還想要更細緻的動畫可以採用Core Animation來修改UIView底下的圖層 (layer) 製作動畫，使用Core Animation 可以修改下面的動作：

- 圖層的大小和位置。

- 當進行轉換時使用的中心點。

- 3D 的轉換。

- 新增或是移除圖層結構裏的圖層。

- 修改圖層的 Z-order。

- 修改圖層的陰影。

- 修改圖層的邊緣。

- 當進行重訂大小時，修改部分的圖層。

- 修改圖層的透明度。

- 圖層互疊時的截圖原則。

- 修改目前圖層的內容。

- 圖層進行柵格化 (rasteriztion) 的行為。

雖然本章提到了關於使用 Core Animation 製作動畫的議題，但是此部分屬性較進階的
主題，因此本章僅會加強以 UIView 為主的動畫介紹，關於 Core Animation 動畫的介
紹請有興趣的讀者再行研究。

16.10 由修改 UIView 的屬性來產生動畫

我們必須將對視圖屬性的修改集合成一個區塊 (animation block，指將拿來進行動畫屬性的一堆指令集合到一個區塊中) 來修改 UIView 的屬性產生動畫，在 iOS 4.0 之後可以使用新增的 block 語法來建立這個區塊，而在 4.0 以前的版本則必須明確地要求動畫要何時開始和結束，原則上這兩種方法能達到一樣的效果，但是以目前的需求來說，因為 Apple 希望設計人員能多使用 block 的技術，因此在能使用 block 情況下就儘量使用 block，而且目前 Apple 新出的範例也是大量地使用 block，因此熟悉 block 的語法基本上是沒什麼壞處的。

16.10.1 使用以 block 為基礎的動畫

在 iOS 4.0 之後可以使用 block 來製作動畫，有好幾個以 block 為基礎的方法可以執行這項工作：

```
animateWithDuration:animations:
```

完整的宣告是：

```
+ (void)animateWithDuration:(NSTimeInterval)duration animations:(void (^)(void))animations
```

其中

- **duration**：整段動畫的時間，以秒為單位。
- **animations**：包含動畫指令的 block，這是真正負責下指令修改 UIView 屬性的地方，這個參數不可以為 NULL。

```
animateWithDuration:animations:completion:
```

完整的宣告是：

```
+ (void)animateWithDuration:(NSTimeInterval)duration animations:(void (^)(void))animations
completion:(void (^)(BOOL finished))completion
```

其中：

- **duration**：整段動畫的時間，以秒為單位。

- **animations**：包含動畫指令的block，這是真正負責下指令修改UIView屬性的地方，這個參數不可以為NULL。

- **completion**：當動畫完成後呼叫的block，若有工作想在動畫完成後進行，可以在這實作，這個參數可以為NULL。

animateWithDuration:delay:options:animations:completion:

完整的宣告是：

```
+ (void)animateWithDuration:(NSTimeInterval)duration delay:(NSTimeInterval)delay
options:(UIViewAnimationOptions)options animations:(void (^)(void))animations completion:(void
(^)(BOOL finished))completion
```

其中：

- **duration**：整段動畫的時間，以秒為單位。

- **delay**：在動畫開始前要先等待的時間，若為0則表示動畫馬上開始，以秒為單位。

- **options**：一些動畫選項，可以選擇的內容定義在UIViewAnimationOptions中。

- **animations**：包含動畫指令的block，這是真正負責下指令修改UIView屬性的地方，這個參數不可以為NULL。

- **completion**：當動畫完成後呼叫的block，若有工作想在動畫完成後進行，可以在這實作，這個參數可以為NULL。

因為上述這些都是類別方法，並不會限定在哪一個視圖做動畫，所以可以一次對多個視圖進行操作，下面的例子將會同時對兩個視圖進行操作，一個視圖會漸漸出現，而另一個視圖會慢慢消失。

```
- (IBAction) sample1
{
   [UIView animateWithDuration:1.0 animations:^{
     firstView.alpha = 0;
     secondView.alpha = 1.0;
   }];
}
```

上面的方法僅僅讓視圖進行淡入淡出的動作，若要進行一些進一步的修改必須使用：

animateWithDuration:delay:options:animations:completion:

來實作動畫的內容，使用這個方法的話可以指定：

- 動畫開始前的延遲時間。

- 動畫要使用的時間曲線 (剛開始時變化快後來慢，或是剛開始時變化慢後來再變快)。

- 動畫是否要自動反向進行。

- 在動畫執行過程中是否要截取使用者的輸入。

- 動畫在執行中是否可以中斷。

上述的方法和另一個方法

animateWithDuration:animations:completion:

都可以指定動畫結束時要再進行什麼工作，下面例子會先讓一個視圖消失，待視圖消失後，休息個 1 秒鐘後再讓這個視圖再次出現，而這次出現的方式是一開始快再慢慢減速的方式出現：

```
- (IBAction) sample2
{
    [UIView animateWithDuration:1.0 delay:0.0 options:UIViewAnimationOptionCurveEaseIn
animations:^{
        thirdView.alpha = 0.0;
    }
    completion: ^(BOOL finished) {
      [UIView animateWithDuration:1.0
        delay:1.0
        options:UIViewAnimationOptionCurveEaseOut
        animations:^{
          thirdView.alpha = 1.0;
        }
        completion:nil];}];
}
```

16.10.2 使用 Begin/Commit 的方法來製作動畫

若程式要在iOS 3.2 以前的系統上執行，製作動畫就必須使用UIView的類別方法：

```
beginAnimations:context:
```

和

```
commitAnimations
```

來進行，這兩個方法會將要進行的動畫指令包起來，而在呼叫commitAnimations之後開始執行，這些動畫都會產生新的執行緒來執行，因此不會影響到主執行緒的作業，下面的例子和前面的sample 1 是執行同樣的工作，不過使用了不同的方法：

```
- (IBAction) sample3
{
    [UIView beginAnimations:@"ToggleViews" context:nil];
    [UIView setAnimationDuration:1.0];

    firstView.alpha = 0.0;
    secondView.alpha = 1.0;

    [UIView commitAnimations];
}
```

16.10.3 Begin/Commit 動畫的參數設定

有許多參數可以供程式在Begin/Commit 之間進行動畫相關的設定，以下就是一些常見的設定方法：

setAnimationStartDate: setAnimationDelay:	這兩個方法可以指定動畫要何時開始，若指定的開始時間是過去的時間，則動畫會儘快地開始動作。
setAnimationDuration:	用這個方法指定動畫執行的時間有多久。
setAnimationCurve:	設定動畫要使用的時間曲線，例如可以指定開始慢，再慢慢加速等等。
setAnimationRepeatCount: setAnimationRepeatAutoreverses:	指定動畫重覆的次數或是在結束時是否要再反向進行，例如將某一張圖由畫面左邊移到右邊，待結束後再由右邊移到左邊，然後再指定要移動幾次。

setAnimationDelegate: setAnimationWillStartSelector: setAnimationDidStopSelector:	用來指定在動畫開始前、結束後或是要執行某個方法。
setAnimationBeginsFromCurrentState:	若傳入的參數是 YES，這個方法將會立即停止之前的動畫而開始一個新的動畫，若傳入的參數是 NO，則會等前面的動畫完成後才會開始。

在下一個例子中將使用新方法來製作 sample 2 同樣的功能：

```
// 下面動畫將會在動畫完成後執行

- (void) showHideDidStop:(NSString *)animationID finished:(NSNumber *)finished context:(void *)
context
{
    [UIView beginAnimations:@"ShowHideView2" context:nil];
    [UIView setAnimationCurve:UIViewAnimationCurveEaseOut];
    [UIView setAnimationDuration:1.0];
    [UIView setAnimationDelay:1.0];

    thirdView.alpha = 1.0;

    [UIView commitAnimations];
}
```

```
- (IBAction) sample4
{
    [UIView beginAnimations:@"ShowHideView" context:nil];
    [UIView setAnimationCurve:UIViewAnimationCurveEaseIn];
    [UIView setAnimationDuration:1.0];
    [UIView setAnimationDelegate:self];
    [UIView setAnimationDidStopSelector:@selector(showHideDidStop:finished:context:)];

    thirdView.alpha = 0.0;

    [UIView commitAnimations];
}
```

16.10.4 設定動畫的代理人

若程式中需要在動畫開始前或是結束後執行某些工作，就必須在 begin/commit 區塊中設定代理人，我們可以使用 setAnimationDelegate: 來指定代理人，而使用 setAnimationWillStartSelector: 和 setAnimationDidStopSelector: 來指定要呼叫的方法，當指定完成後，系統就會在適當的時機呼叫這些方法，這兩個方法必須具備以下格式：

```
- (void)animationWillStart:(NSString *)animationID context:(void *)context;
- (void)animationDidStop:(NSString *)animationID finished:(NSNumber *)finished context:(void *)context;
```

其中的 animationID 和 context 參數就是當初傳入 beginAnimation:context: 的參數：

- **animationID**：用來做為動畫的識別編號。

- **context**：想要帶到代理人中的額外資訊。

16.11 巢狀的動畫區塊

程式可以在一個動畫區塊中再插入另一個動畫區塊，在內部的動畫和外部的動畫是一起開始，但是使用不同的參數自行運作，在預設的情況下內部的動畫將會繼承外部動畫的時間和時間曲線的參數，但是程式可以自行覆寫這些預設的設定，下面是一個巢狀動畫的範例，在這個範例中內部的動畫會一直重覆執行：

```
- (IBAction) sample5
{
    [UIView animateWithDuration:1.0
             delay:1.0
           options:UIViewAnimationCurveEaseOut
        animations:^{
            firstView.alpha = 0.0;
            [UIView animateWithDuration:0.2
                     delay:0.0
                   options:UIViewAnimationOptionOverrideInheritedCurve |
                        UIViewAnimationOptionCurveLinear |
                        UIViewAnimationOptionOverrideInheritedDuration |
                        UIViewAnimationOptionRepeat |
                        UIViewAnimationOptionAutoreverse
                animations:^{
                    secondView.alpha = 0.0;
                }
                completion:nil];
        }
        completion:nil];
}
```

16.12 針對視圖本身的動畫

程式可以針對某個視圖進行一些動畫，下面的例子示範了如何實作一個類似書本翻頁的效果：

```
- (IBAction) sample6
{
    fourthView.alpha = 1.0;
    [UIView transitionWithView:self.view
            duration:1.0
            options:UIViewAnimationOptionTransitionCurlUp
```

```
        animations:^{
        }
        completion:nil];
}
```

16.13 動畫技巧小結

在這一小節中介紹了一些只要使用UIView本身內建的功能就能實現的動畫效果，當然這只是iOS中動畫最入門的效果而已，雖然基本，功能卻是一點也不陽春，在前面的例子中讀者們可以自己試著去修改大小、位置等值，還可以配合接收使用者的輸入來製作簡單的小遊戲或小型動畫，只要稍微試一下，相信各位會對iOS內建的動畫功能感到非常地滿意。

16.14 小結

在這一章中我們介紹了所有iOS開發人員一定會遇到的兩個重要主題：多執行緒和動畫，本來這些觀念對一般的新手來說其實是相常不容易而且是相當容易產生錯誤的，不過值得為所有iOS開發人員感到高興的地方就是Apple在這方面下了相當大的工夫，就像NSOperation和NSOperationQueue包裝了許多多執行緒的細節，這些東西若是從頭開發可不是三言兩語可以介紹得完的。

最新的GCD技術更是進一步地簡化了多執行緒程式的開發，讓多執行緒不再是新手程式人員的惡夢，而UIView甚至內建了基本動畫的能力，效能還相當的不錯，讓即使是新手都有機會做出擁有一定品質的動畫，其實iOS中還有很多值得探討和有趣的主題，但是因為篇幅的關係我們只能挑筆者認為最重要的兩個議題來深入討論，不過相信在經過前面各個章節的介紹之後，對各位想要再更深入iOS開發應該只是輕而易舉的事情而已。

16.15 習題

1. 請問該如何使用NSObject內建的方法將某個工作放到背景執行緒中執行？
2. 請問該如何使用NSObject內建的方法將某個工作放到主執行緒中執行？
3. 請說明NSOperation和NSOperationQueue之間的關係。
4. 請問UIView提供的功能在iOS 4.0前後有何不同？
5. 請寫一個簡單的動畫，內容包含一張圖在畫面中左右移動不會停止。